U0538195

雜誌出版
CommonWealth
Mag. Publishing

打造高績效、能當責的超級團隊，
讓新人心服口服、老鳥對你推心置腹

帶心不帶累的
跨世代主管學

李河泉——著

目錄

PART 2

拆解新人離職心態，打造當責的跨世代團隊

PART 3

新世代的面試／報到／培育新思維

PART 4 離職處理情境演練

作者序

給上有長官、下有部屬，飽受新舊衝擊的主管們

新世代的來臨，目前無論是對職場或家庭，都造成了重大的衝擊。

根據國發會統計，到了二〇三〇年，網路原生的Z世代就會佔整體工作人口數近三成，成為新一代的職場主力。這群在網路、手機、AI背景下養成的新世代，擁有著過去老一輩無法想像的自我意識與超前想法。他們在家裡擁有高度的自主性，父母尊重，也被鼓勵「就做你想做的事」。然而，等到長大後，他們把這些觀念帶進職場，卻出現有史以來最大的「世代衝突」。

《天下雜誌》八〇四期以「Z世代全攻略」為封面題目，討論這個社會現象。在報導中，記者形容新世代是「網路原生的第一代」、「不知郵票為何物、甚至連電話都很少講的社群世代」；在台灣，他們也是「廢除聯考、禁止體罰、總統直選

後的一代」，這些前所未見的世代差異，都為當前職場帶來劇烈的衝突。

衝突原因來自於「For we 時代」養成的老一輩主管和「For me 時代」養成的新世代同仁，是兩種完全不同的觀點：

For we，還是 For me？

一、老一輩的 For we 觀點：對「我們」來說……

現在年輕人怎麼變成這樣？叫他們做什麼事情，似乎都有自己的意見和想法，不能乖乖聽話、配合就好嗎？進來公司以後，他們為什麼不能全心投入工作，反而花時間在計較權利和薪資待遇，而且不開心就想走，一點忠誠度都沒有！

二、新世代的 For me 觀點：對「我」來說……

公司可以要求我們做事情，但為什麼這麼霸道？完全不能聽我們的意見！只是反映自己的想法有錯嗎？為什麼不能尊重我們的想法？

公司給我薪水，買的是我的上班時間，時間到了為什麼不能下班？我才不願意成為社畜，把青春都賣給公司。

以上的兩種觀點，從當事人來說似乎都沒有錯，最大的問題源自於主管和員工的養成背景完全不一樣，也造成了以下三大不同：

1. 工作目的不同

對於工作的目的，老一輩是為了「**養家餬口**」；年輕一代則是為了「**實現自我**」。

2. 工作動機不同

老一輩的工作動機，是全力為公司奉獻，在乎的是「**不要問公司能給我什麼，要問我能為公司做什麼**」？年輕一代剛好相反，他們最常問的就是「**不要問我能為公司做什麼？要問公司能先給我什麼**」？

3. 離職原因不同

以前同仁離職，主要是因為覺得自己的能力不足，無法對公司提供最大的貢獻，會感覺自己的不足而離開。

年輕一代想離職的原因，我戲稱為「性感理論」——「性」指的是「**物質性**」和「**自主性**」；而「感」指的是「**成就感**」和「**歸屬感**」。

學會「以影響力代替權力」

老一輩更在乎大家的感受，但是年輕一代卻從小習慣「做自己」，以至於長大後，他們也習慣把自己放在第一順位來看整個世界。

其實，不論老一輩或新一代，這些想法和價值觀都沒有對錯，只是成長的環境背景不同，再加上橫空出世的網路和ＡＩ，所共同形成的結果。重點是，如果兩代的價值觀都已經形成了，但這兩種價值觀截然不同的人，必須要在一個職場裡共同工作，雙方又該用什麼樣的態度來面對呢？

對於「跨世代管理」議題，我觀察了很多年，也定期將觀察心得發表在各大財經媒體上，《帶心不帶累的跨世代主管學》這本書是集結了我的專欄文章，並進行系統化整理後的實戰精華，內容從「面對新世代衝擊，你的公司會是『先知企業』嗎？」開始談起，解析為什麼世代衝突造成高離職率，已是「不可逆」的現象。

然後，透過工作情境詳解帶出和新世代員工有效溝通的「關鍵句」，並提供立即可行、提高跨世代團隊工作效能的「驅動策略」，**讓主管學會「以影響力代替權力」的帶心法則，協助企業解決跨世代團隊管理的痛點，有效提高人才留任率。**

可操作的「跨世代團隊」管理指南

在這裡，我要請各位多擔待，本書讀者仍是以「主管」為主。

因為職場的新舊衝擊對於新世代來說，沒了這份工作，還有許多退路可選擇，例如當 YouTuber，若影片點擊率高，也許自己也可能變成下一個老高？又或者去跑宅配或外送，也能接案做簡報 PTT、剪輯影片、翻譯，甚至運用自家或租個小地方，再上網登廣告，都可以在家裡做美甲、美睫、按摩等服務。

但是對很多主管來說，在職場打拚多年的心血和成就，如果因為新世代加入，而不知道該如何去融合他們，又得要面對業績、留任率，還要主管拿出辦法來的上層要求，最後不是被逼到看醫生，要不就是直接提前從職場中「陣亡」。

授課多年，我看到很多中基層主管的無奈和無助，甚至觀察到許多企業的中堅人才卻正在流失！事實上，根據《全球領導力展望 2025 報告》（Global Leadership Forecast）顯示，的確有高達四十%的主管正在考慮離職，而「工作倦怠加劇」是最主要的推力。

做主管的，心很累！當初寫書的初衷，是希望**給上有長官、下有部屬，飽受新舊衝擊的主管們，一本有方法、有步驟、可操作的「跨世代團隊」管理指南**。

觀念不難，執行到位才難！祝福各位「河粉」們，從「知道」到「做到」，讓自己帶人心不累、團隊動起來！

二〇二五年三月

導論

面對新世代，你的企業是先知？有感，還是無感？

「河泉老師，最近進來公司的年輕人離職率愈來愈高，是不是該重新操練一下了？」一位企業高階主管詢問。

很多人都知道我研究「新世代管理」超過了十年，接到大型企業的邀約課程不足為奇，但讓我訝異的是，新人年薪從二〇〇萬元起跳的世界第一科技大廠竟然也找上了我談這個議題，可見即使是一流企業，也無法避免新世代離職率居高不下的困境。

記得這家企業當年（二〇二一年）來找我時，一年內新人離職率為十七·六％，創下五年新高，而歷經三年改造，二〇二三年已大幅降低至八·九％。

你的公司是先知企業嗎？

面對新世代對企業的衝擊，主管是不是也有以下這兩種感覺？

1. 發現新世代對於企業的衝擊似乎沒有緩解，而且感覺影響愈來愈大。
2. 高階或主管的觀念調整速度過慢，感覺上下鴻溝明顯而無法抹滅。

先說結論，如果您有上述兩個想法，那麼恭喜您，您很可能和前述的世界一流企業一樣，屬於能「正確預知」的一群主管。

目前最令人擔心的是，擁有以上認知的企業老闆或高階主管真的偏少數，即使新世代衝擊公司的現象正在逐漸升溫，但是企業真的有完整認知嗎？我研究新世代的現象超過十年，前幾年走得很孤獨，因為幾乎所有的企業都認為：新世代怎麼會是問題？這麼多年不都是這樣嗎？人不好，再換、再找就有了！

但是這次是真的，而且回不去了！

近幾年來，有許多優秀企業發現新世代在內部引發的衝突愈演愈烈，而開始提早「超前部署」。就我自己的經驗數據來看，假設一個月平均有二十堂「領導課程」

邀約，近年有關「新世代」的課程比重的確在上升，分別如下：

五至十年前：不到一成

近三至五年：佔了三成

近一至三年：佔了五成

近一年內：佔了七成

以上數據不見得準確，只是我個人的見聞。然而，大量接觸台灣各個產業後，我發現企業對於新世代的敏銳度，可分為「**早日處理、快速解決**」的**先知企業**、「**繼續觀望、期待消退**」的**有感企業**，以及**無感企業**三類，以下分別討論。

一、先知企業

1. 最早感受到新世代在組織裡的衝擊和影響，發現狀況和過去不一樣。
2. 開始認真檢討年輕人的離職原因，並且分析原因。
3. 中基層主管願意分享真實的管理情形，並且分享管理經驗。
4. 公司舉辦討論新世代管理困擾的會議變多，並且找出這些困擾和業績未達成的關聯性。

5. 層峰和高階主管的敏銳度高，願意帶頭調整，寧可先花時間和成本，開始從上而下進行心態調整和教育訓練。
6. 舉辦相關完整的教育訓練，並且要求將訓練成果帶回工作場域運用。

目前這類正視新世代對企業運作造成的問題的影響，並找出確實解法的**「先知企業」，佔比大約只有兩成**。

二、有感企業

1. 這些企業不是沒有感覺，只是感覺不大，也不痛。
2. 當基層主管往上反映，中高層覺得主管應該自己想辦法解決。
3. 大多數高層認為這不是問題，或者問題不大。
4. 認為年輕人離職是直屬主管能力不足，或者是招募的人不對。
5. 公司要求人資（ＨＲ）調整找人的策略，不要再找「不能配合公司的人」進來，卻沒發現「不能配合公司」已逐漸變成常態。

6. 會辦教育訓練，但要求不要花太多時間，講重點就好。

我很常接到這類企業的邀約，信上寫著：「希望邀請老師來上課……」，但後面緊接著寫，「由於本公司主管事務繁忙」，授課時間約只有一至二小時（甚至還有利用中午休息時間四十分鐘的要求），希望我可以「擇要說明」新世代對企業的衝擊和影響，並告知主管怎麼解決，最好也能舉出一些實際案例。

接到這種邀約我都只能嘆氣，畢竟能力有限，要在這麼短的時間內解決這麼複雜的課題，實在力有未逮。目前**至少有六成的公司，都是屬於這類「有感企業」**，雖然已開始針對新世代管理問題進行調整，但信念不夠堅定，高層仍然認為這是屬於年輕人自己的問題。

三、無感企業

這類企業對於新世代管理無感，通常有兩種可能。一種是真的沒碰到，例如人力流動低，很少用新世代的傳統企業；另一種就是在實際運作上並非沒有問題，但是公司視而不見，完全當作沒這件事的企業。

我們發現，有些人資主管已經預見了跨世代的管理問題，並且開始大聲疾呼，但除非能喚醒高層，不然大多數主管仍停留在「問題不大、不必多慮」的夢境中。

就算企業有感，主管也容易抗拒

另一方面，即使企業慢慢有感，對於首當其衝的中基層主管來說，仍出現不少抗拒：

許多第一線主管覺得，過去就是這樣「帶人」，為什麼現在要改變？

當初，這些中基層主管也是這麼被要求的，好不容易熬過來之後，現在卻不能用同樣的方式要求同仁，反而要改變自己的心態和方法好言相向，一時之間實在難以接

企業對於新世代衝擊的敏銳度

20%先知企業：早日處理、快速解決
60%有感企業：繼續觀望、期待消退
20%無感企業：人力流動低或視而不見

受，甚至覺得放下身段是一件很沒面子的事情，所以即使參加了公司安排的訓練，上課過程中大多很抗拒，上完課回去也很容易打回原形。

這是因為大多數中基層主管都在威權體制下成長，他們已經習慣了被指揮和打壓。等到時代改變了，必須運用不同的手法帶領團隊時，其實他們不是不知道應該要改變，而是沒有人教他該怎麼改變？

撰寫這本書的初衷，是希望針對八成的「先知企業」和「有感企業」，幫助第一線的中基層主管們，「心甘情願」地改變自己，帶領新世代，打造一個共融、高效、有活力的團隊。

重點是，**不是公司逼迫中基層主管去做，而是讓主管心甘情願地改**變。

大家看到這邊一定會問，有沒有實際的執行做法呢？

有九個字非常重要，那就是「**先認同、再融入、才調整**」。

接下來，就從這九字訣開始談起吧！

PART
1 怎麼帶領新世代？以影響力代替權力的帶心法

01 跨世代主管九字訣：先認同、再融入、才調整

「公司花了很大的心思栽培年輕人，結果他竟然說走就走？」

「為什麼這些年輕人不但工作不勤奮，還沒有感恩的心？」

「為什麼現在年輕人這麼沒有忠誠度和責任感呢？」

一位頂尖企業的高層這麼跟我抱怨。

許多企業和主管都和這位高層一樣，覺得「想當年」是如何苦過來的，現在公司已經對年輕人很好了，為什麼他們還是不滿意，動不動就提離職？

也有許多需要帶領新世代的主管認為：**過去我就是這樣被帶的，現在這樣帶年輕人，為什麼需要改變？而且，為什麼要改變的是我？**

甚至我也遇過人都已經來到訓練現場了，知道今天要談的主題是「跨世代管理」，主管們卻仍然認為「這是年輕人的問題，幹嘛要叫我們來上課」。

由於這類抗拒看得太多，我很清楚絕對不能直接告訴新世代主管們「應該」做些什麼，因為人在沒有真正「釋懷」前，是聽不進任何和自己原本想法不一致的內容的。所以，要讓主管心甘情願改變帶領團隊的方法，第一步就是要讓主管們**「先認同」**——了解年輕人為什麼會變成這樣？

上下世代觀念隔閡

我先把場景轉到日前，高中老師的小型壽宴上，難得地再度見到好幾位高中同窗，大家聊起高中生活，老師還記得當年的我們，很調皮、很難帶。

「老師，我們當年好多了，如果是現在，您可能很快就想退休了吧！」

歡聲笑語中，都已擔任高階主管的同學們紛紛為年輕時的自己辯解，也由此聊起現在年輕人「有多難帶」的各家故事。

「為什麼現在的年輕人都不愛加班？」擔任金融業副總的同學突然跳出這麼一

句，馬上引起不少回應，只聞「對啊、對啊」的聲音此起彼落。

「大家知道李河泉同學出了一本書，研究的就是新世代，還上了暢銷排行榜，能不能跟大家解釋一下？」另一位開公司的CEO同學轉過來問我。

我知道這些「老」同學在想些什麼，故意模仿年輕人的語氣回答：「為什麼要加班？到了下班時間，本來就應該下班啊！」

果然被我料中了，這句回話引起同學們一陣圍剿。

「這些年輕人怎麼都那麼自私！」

「這些年輕人為什麼都沒有團隊精神！」

「這些年輕人也太沒責任感了吧！」

「如果是我小孩，就把他打死！」

「講那麼多幹嘛，立即換掉啊！」

老同學們的反應，也是許多主管對於新世代年輕人的看法。許多主管無法釋懷的原因，並不在於年輕人為什麼不願意加班，而是為什麼年輕人「敢說他們不加班」，而當年的自己根本沒有置喙的餘地。

背後原因就是兩代的成長背景不同，**老一輩世代從小就被要求以「團隊為先、大局為重」**，養成了犧牲自己、配合大家的習慣。到了自己當上主管時，卻忘了新世代（包括自己的小孩）並不是這樣被養成的，這也導致了上下世代的觀念隔閡愈來愈加深。但矛盾的是，許多主管會不斷批評公司裡年輕人的缺點，回到家卻又繼續寵愛小孩。

所以，要引導主管們了解年輕人最好的切入點，**不是直接從公司的部屬談起**，而是**改成從家庭裡的小孩談起**。因為大部份的主管都已經有孩子了，或者也會有兄弟姊妹的小孩，這時候比較容易建立起同理心，由此引導主管發現，在公司裡那些我們覺得不夠好的年輕人，很多都是家庭寵愛造成的結果。

提出痛點，再給解方

第二步就是「**再融入**」，讓主管們暢所欲言討論年輕人該改進的地方，再幫主管提出的痛點歸類。

很多主管在上完我的課後，會覺得心情好很多，其實在課堂過程中，我會運用一些「療癒」手法。比如說，安排一個時段，讓主管盡量討論「對年輕人不滿」的地方；同樣地，在針對新世代的課程裡，也會讓年輕人盡情討論對主管不滿的地方。這麼做的重點，並非在造成對立，而是**大家會在提出痛點之後，願意聽聽接下來的解決方案**。

先認同、有感受之後，接下來就是針對痛點給解方了。

說再多其實都沒用，主管們最需要的就是解決方法，而且最好是把解方「打包」，讓主管們可以帶回工作場域中立即應用，這就是讓主管甘願改變的第三步「**才調整**」了。

運用上述步驟，並經由專業講師適度帶領，大多數主管真的意識到，面對成長背景和自己完全不一樣的新世代，真的必須要有新的帶領方法，也才

讓主管甘願改變的 3 步驟

STEP1：**先認同**｜先讓主管們了解年輕人為什麼會這樣？

STEP2：**再融入**｜讓主管盡情討論年輕人該改進之處，再歸類

STEP3：**才調整**｜針對痛點給解方

會比較心甘情願地去改變自己的做法。

也有主管並非不知道解法，而是缺乏「願意解決」的心，若主管本身對年輕人成見很深，自然效果有限。切記，所有解決方案中，最重要的就是「**千萬別講大道理**」，只要帶著情緒處理，終會落入兩敗俱傷的局面。

02 掌握5F密碼，跨世代溝通一次上手

許多出現新世代帶領障礙的企業，都希望我能傳授一些只要上完課就可以「立即搞定年輕人」的手法，最好讓他們變得乖巧聽話、高度配合，其實這可能真的是想太多了。我很想告訴公司的主管們，**新世代的年輕人已經無法「被搞定」，只能「被了解」**。

很多主管都忽視了，新世代來自於被高度呵護的家庭。先看看你我周遭，大部份的家庭是子女被搞定？還是父母被搞定？千萬不要覺得這是兩件事，「由小觀大」，這群在家裡搞定父母的子女們，進入學校也受到老師的高度尊重，在踏入職場之後，他們究竟會乖乖配合聽話？還是習慣我行我素？

另一方面，許多晚上習慣放下身段「配合子女」的父母，白天在職場變回主管

後，仍然維持高度身段，堅持「職場禮節」，認為新世代也應該尊重主管的輩份、感恩主管的栽培，卻沒有想到年輕部屬的價值觀和行為，其實都和自家小孩的想法沒有兩樣，早就從骨子裡出現了變化。

新世代的骨子裡究竟出現哪些變化？我花了超過五年的觀察，將年輕人的行為歸納出五項特質，剛好是五個 F 開頭的英文字，分別是：

重感覺（FU）、要未來（Future）、愛自由（Free）、求速度（Fast）、講公平（Fair）。

新世代的 5F 密碼

一、FU，重感覺

年輕人希望自己做任何事情都要有感覺，沒感覺的事不用浪費太多時間。他們認為工作是應該的，但要知道工作的意義在哪裡，不然就會覺得自己是被壓榨了，必須爭取自己的權利才不會碰到「慣老闆」。

對他們來說，**在有限的人生中，工作不該只是唯一**，自己又不是因為錢而簽下無止境的賣身契，下了班還有更多好玩、有趣的事情呢！

二、Future，要未來

和老一輩的我們相比，年輕人更認為應該有「自己希望的未來」，他們從小就被培養公民意識，積極參與社會議題。被給予很多個人時間和專屬地位，也很習慣接受大家的肯定，因此認為自己與眾不同，希望能夠做些跟別人不一樣的事情。

為了追求自己的未來，新世代的流動率相對偏高，他們很少會願意堅守在同一個職位上，或是忠實的待在同一間公司，而是優先以「滿足自己希望能得到的」為前提，**他們不是沒有忠誠度，只是「更忠於自己」**。

三、Free，愛自由

現正是職場中流砥柱的老一輩（五、六年級生），因為自己曾經遭遇的升學壓力，普遍希望小孩能夠在沒有壓力、快樂的環境中成長。

於是，新世代從小習慣有自己的空間，可以無拘無束做自己的事，然而待在無壓力的自由環境久了，造成這一代年輕人不願意受到干涉的習性，他們希望自己掌握事情的進度，不喜歡被催促；如果無法順利完成任務，很容易檢討外在環境的不配合，比較少優先思考是否為自己的問題。

同時，對於工作內容的順序，**比起配合公司的期待，他們更重視自己的感覺，**會優先做自己想做的事情。

四、Fast，求速度

老一輩年輕時，由於生活貧乏和資源稀少，只能「等」和「忍」。也因如此，為人父母後他們更努力地「即時滿足」小孩，希望別讓孩子吃苦，孩子想要的獎品或禮物隨時奉上，不忍心讓他們失望。結果造成**年輕人愈來愈不擅長等待和忍耐，他們習慣於** ASAP（As Soon As Possible，愈快愈好），最好今天的要求，馬上就有結果。

另一方面，年輕人從小生活在前所未有的便利世界中，快速得到結果變得很簡單，不僅使得他們少了咀嚼思考和沉澱感受的機會，也更容易被下一件美好事物所吸引。

五、Fair，講公平

新世代可說是誕生在人類文明史上最幸福的環境，民主意識及平權概念愈來愈普遍。從小就受到長輩疼愛和尊重的他們，也因少子化而被捧在手心上。

家庭的權力核心開始移轉，相較於過去傳統的上尊下卑，父母「自願性」地將權力下放，造成小孩的地位快速上升，而在「平起平坐」的環境中成長，由於**父母高度的尊重，也形成新世代強烈的自尊心**，習慣於受人肯定和稱讚，這樣的觀念長大後也自然地會帶進職場裡。

5F對主管的意義

了解年輕世代有別於過去的5F特質，對企業主管有兩個很重要的意義。

一、了解他們，自己比較不會氣得半死

許多主管被新世代氣到七竅生煙，認為自己怎麼這麼衰，帶到這麼難教、頭上

長角的同仁，其實不是你倒楣，而是未來你碰到的年輕人可能都是這樣。

另外，還有一部份的主管是不敢對外承認自己的部屬很難帶，擔心自己沒面子，其實剛好相反，主管要掌握5F密碼，才能調整觀念去引導他們。

二、了解他們，才有辦法「管理」他們

想要管理部屬之前，最好的方法是先了解部屬，主管在辦公室必須開始學會放下身段（因為你在家裡早就完全放下身段了），開始學習「**用影響力取代權力**」，才能聽到新世代更多的心裡聲音。

做主管的要有心理準備，未來「**管理**」**的上下之分會愈來愈淡薄**。

新世代的 5F 特質

FU 重感覺：沒感覺就不浪費時間
Future 要未來：不是沒有忠誠度，是更忠於自己
Free 愛自由：比起公司期待，更重視自己的感覺
Fast 求速度：不擅長等待和忍耐，習慣於 ASAP
Fair 講公平：父母高度尊重，形成強烈自尊心

這些年輕人更需要被「平等的對待」，才能激發出他們認為「值得為你賣命」的氛圍。

我觀察了很多年，所有上一代認為年輕人「不夠好」的地方，幾乎都可以用5F來囊括，然而在新世代的成長背景下，這已經是個「不可逆」的現象了。與其讓新世代衝擊持續造成公司的高離職率，不如從好好加強主管訓練開始，只是這個訓練必須真的有效，才不會浪費公司的時間和成本。

03 主管必修超能力：從5F預判離職徵兆

「老師我想請教，主管該如何在年輕人還沒有真的提出離職前，就發現他待不住的sign（徵兆）？」一位大企業主管在課堂上舉手發問，這個問題真是太棒了，幾乎每位優秀的主管都希望自己有這項未卜先知的「超能力」。

在提供解方之前，得要先了解新世代是怎麼看「工作」這件事的，為什麼他們對工作可以想走就走，毫不留戀？

一、新世代習慣做自己想做的事

這一代年輕人從小被父母寬容的允許「做自己」，給予高度的尊重，讓年輕人擁有幾乎完全自主的決定權，想做什麼就做什麼。**對許多年輕人來說，父母總要他**

們把自己管好就好，其他都不用管。在沒有其他擔憂的情況下，年輕人可以追逐自己的夢想，揮霍自己的時間，他們才是一切事情的主人。

二、他們未必非上班不可

過去老一輩的上班是為了養家活口，現在年輕人的工作是為了自我實現。老一輩的全力配合公司，是為了能夠讓上頭有個好印象，避免流失養家活口的機會。現在的年輕人沒有這個擔憂，他只想挑個自己想要的工作，至於**主管印象好不好不是他最在乎的，對他們來說，打分數的是自己，而不是公司**。

三、年輕人不是沒有忠誠度，只是更忠於自己

許多主管常常責怪新世代的年輕人沒有忠誠度，而根據我多年來的觀察，其實他們不是沒有忠誠度，只是「忠於誰」？過去的主管絕對忠於公司，以公司的指示為依歸，對公司的責任使命必達，但現在的年輕人則選擇「忠於自己」。

看了上面的分析，請各位主管們務必要調整心態，要知道：

年輕人並不是來公司「上班」的，
他們是來公司「追求自我」的。

所以，面對新世代的高離職率，可以從5F特質下手，觀察團隊裡的年輕人是否有以下所述的「離職徵兆」，我也會針對這些痛點提供「解決關鍵」。

從5F找到離職徵兆

一、重感覺（FU）

因為新世代「重感覺」，離職徵兆的觀察重點就在於：

「**他是否主動或被動地，逐漸把自己邊緣化？**」

通常，主管如果發現以下三種狀況，就要特別注意了：

1. 獨來獨往，和其他人幾乎沒有互動，呈現「**邊緣人**」的現象。
2. 過去和同事有說有笑，這陣子卻下了班總是「**一個人**」準時離開。
3. 主管找同仁聊天時，交談中同仁出現**眼神閃避，或不願直視**的狀態。

千萬要記得，新世代年輕人早就不是過去主管以為「乖巧聽話」的新人了，幾乎都是跟著感覺走。對他們來說，到公司上班的動機未必是完成某項工作的成就感，更有可能是同仁相處得很愉快的歸屬感。

所以，解決關鍵是無論你的團隊是否屬於「戰鬥組」的業績部門，都要營造一個「溫暖互動」的感覺，給予新世代成員一個**好的工作氛圍**。

主管們最好設法練習，跟每個人都建立一小段的「非公務對話」，每天幫同仁「把脈」，一發現「脈象」不對就立刻調整，避免人才在不經意之間流失。

二、要未來（Future）

此外，基於新世代「要未來」（Future）的特質，觀察重點就在於：

「是否對於工作或任務的認同感下降？」

主管如果發現以下三種狀況，也要特別注意：

1. 常常會**跟主管爭執**，為什麼要這樣做？
2. 任務**執行度下降**，開始有很多問題和藉口。
3. 開始說出**現在的工作沒什麼意義**之類的內容。

要知道，現在的年輕人並不是為了家庭和公司而活，他們沒有後顧之憂，擁有自己的夢想，不管是否實際都會全力追逐，也愈來愈不能接受「全力為公司奮戰，以公司未來為自己未來」的觀點。解決關鍵是要**讓他們知道為何而戰**？主管要找時間了解年輕人的夢想，設法找出「個人夢想」和「公司期待」的共通性，讓年輕同仁們知道兩者未必相斥。

另外，與其直接交辦工作，不如在交辦前先聽聽他的想法，啟動他對工作的意願，就可以讓年輕同仁很容易地接受任務的重點。

三、愛自由（Free）

由於新世代「愛自由」（Free），觀察重點就在於：

「是否對於管理方式或主管風格有意見？」

主管如果發現以下兩種狀況，就要特別注意：

1. 開始對公司宣布的政策，都有自己的意見。
2. 對主管的管理方式有質疑，常常問為什麼要這樣，為什麼不能那樣？

對從小習慣自主的新世代來說，進入公司後極不適應，他們無法接受「不用思考，照我說的就對了」的方式，希望能夠決定自己想做的事情，就算是公司規定，他們也有說話的權利。

解決關鍵就是讓他們有自主的空間，主管必須開始練習，先和同仁講清楚要做的事情、選擇的做法和預定完成的時間。接下來放手讓同仁執行，過程中抓大方向就好，不要凡事過問。

四、求速度（Fast）

因為新世代「求速度」（Fast），觀察重點就在於：

「工作過程中，個人配合度是否開始下降？」

主管如果發現以下兩種狀況，就要特別注意：

1. 年輕人有表現就**希望得到主管的肯定和回饋**，而且暗示不止一次。
2. 新世代提出自己的想法後，不希望主管不予理會，甚至被當作空氣。

要知道，這個世代的年輕人從小想要的可隨時出現，資料透過網路就能立即搜尋到；吃的喝的，樓下便利商店就有，這種「被即時滿足」的習慣早已養成，所以千萬別告訴年輕人，「戲棚下站得久，就是你的」。他們並不擅長等待和忍耐，想要的東西沒有即時獲得滿足，時間到了自然會毫不留情轉身離開。

對此，解決關鍵就是主管要開始有「平等對待」的習慣，對於年輕人提出來的想法，不論是否可行或成熟，**必須在第一時間先給予認同和肯定**，再慢慢找出他們要的關鍵，緩步且不帶傷害性的協助解決，陪他們前進。簡單來說，對於年輕人的表現，第一時間就要給予回饋，即使表現得不好，也要先稱讚，取得共識之後，再調整為正確的做法。

五、講公平（Fair）

最後，新世代「講公平」（Fair）的特質，觀察重點就在於：

「**是否開始挑戰公司的權威和制度？**」

主管如果發現三種狀況，就要特別注意：

1. 對於公司過去行之有年的制度開始提出挑戰。例如：為什麼一定要加班？做完事情為什麼不能下班？
2. 爭取了半天的權利都沒有被滿足，有不被重視的感受。

3. 覺得自己提出很多想法都被主管打槍，有被駁斥和否定的負面感受。

和過去的「上下位階」相比，現在的年輕人更習慣「平行互動」，他們不喜歡權威的管理方式，要的是平等的尊重對待。這一點有許多主管無法接受，但是他們就是這樣被養大的，如今已無法回頭。

解決關鍵就是重視和尊重他們的權利。主管要調整觀念，**過去把同仁當作「部屬」，現在要把新世代年輕人當成「伙伴」**，部屬和伙伴最大的差別在於：

部屬是聽命行事，不該有任何歧見；

伙伴可以平起平坐，互相尊重。

他們有意見時，記得要第一時間處理，即使是主管位階不夠、無法解決，也要給予一個「我正在進行」的交代，別讓年輕人有「你為什麼完全不理我」的感受。

自我檢視　**團隊裡的年輕成員有以下離職徵兆嗎？**

⚠ 離職徵兆	☑ 解決關鍵
FU 重感覺	
☐ 是否自我邊緣化 ☐ 是否總是一個人 ☐ 交談時眼神閃避	☐ 營造好的工作氛圍 ☐ 創造非公務對話 ☐ 每天把脈，立即調整
Future 要未來	
☐ 爭執為什麼 ☐ 執行度下降 ☐ 覺得工作沒意義	☐ 幫他們知道為何而戰 ☐ 找個人／公司共通性 ☐ 交辦前先啟動意願
Free 愛自由	
☐ 對公司政策有意見 ☐ 質疑主管的管理方式	☐ 給予自主空間 ☐ 先講清楚任務和時間 ☐ 過程中抓大方向
Fast 求速度	
☐ 個人配合度下降 ☐ 暗示希望得肯定 ☐ 意見希望得回饋	☐ 即時給予回饋 ☐ 第一時間給予肯定 ☐ 有共識後再調整
Fair 講公平	
☐ 對制度提出挑戰 ☐ 爭取權利未滿足 ☐ 想法被主管打槍	☐ 給予權利和尊重 ☐ 他們不是部屬，是伙伴 ☐ 有意見要馬上回應

04 帶心的底層邏輯：以影響力代替權力

「為什麼現在把任務交辦給年輕人，他們都不像我們以前那樣搶著做？甚至接到工作後，也是一副『我不知道要怎麼做』的態度？」上課前，負責專案部門的陳處長私下向我抱怨。

「處長別生氣，現在年輕人對『交辦』這件事有兩大迷惘。」我回答他。

「哪兩大迷惘？」陳處長不解地問。

「首先，年輕人不想被交辦工作，是因為不知道為什麼他們要做這些事？其次，他們不是不想做，而是根本不知道要從哪裡開始？」我回答。

「那該怎麼辦呢？」陳處長連忙追問。

其實，這也是上下世代的觀念隔閡所致。

對於在威權體制下成長的企業主管來說，從小到大直到進公司，只要是被老一輩賦予該做的事情，不會想太多就開始進行。但新世代從小開始，不管做什麼事，總是被大人們尊重著，想做的事情被無限制地給予空間，不想做的事情也被高度尊重或默許可以不做。

也因此，年輕人習慣對事情擁有主導的話語權，有權利決定想不想做，或者要怎麼做，除非他們碰到困難，過程中也不喜歡大人插手或干涉。

另一方面，網路原生世代從小吸收的資訊很多，學習的內容也很多，但是真正擁有自主決策、自己解決問題的機會卻很少。因為從小到大遇上困難時，年輕人都可以很容易地仰仗兩種對象：Google 大神和父母親大人。

他們習慣從 Google 大神或父母親大人那裡直接獲得答案，久而久之就缺乏自己蒐集資訊、思考分析，做決策以及為自己的決策負責的練習。

那該如何讓新世代年輕人願意主動爭取，虛心接受主管指導呢？

以「三心」吸引新世代

在心理學上，人天生就有「心理阻抗」的機制，對於被要求不能做的，反而更想接觸或了解，例如希臘神話中，潘朵拉被上帝要求不能打開盒子，卻更增添了她想打開的好奇心。所以，與其要求年輕人非執行不可，不如先開個部門會議，並運用下列三種手法吸引他們主動爭取：

一、引發好奇心

主管可先談到任務的有趣面，或許是接觸不同的客戶，又或是了解不同的產業，來引發同仁想嘗試和參與的好奇心。

二、激發企圖心

再來營造好幾組人爭取的氛圍，會議前不妨安排樁腳

激發新世代主動爭取的「三心」法則

1. 有趣面：引發好奇心
2. 競爭面：激發企圖心
3. 團隊面：營造求勝心

預作部署，在任務宣布後先後發言，激發年輕人的企圖心。

三、營造求勝心

年輕人常常會有自己心中的潛在競爭對手，並且在表現上不想輸給對方，主管不妨善加運用正向競爭的力量，讓部門出現團隊士氣的善循環。

扮演「旁觀者」，而非「參與者」

等到專案開始執行時，如果新進同仁不知道要怎麼做，碰到這種狀況，也請主管要練習扮演「旁觀者」，避免扮演「參與者」。所謂「參與者」，就是主管在不知不覺中和年輕人一同成為主角，演出的戲碼通常是「妥協」或「威脅」。

選擇演出「妥協」劇碼的主管會說：

「好啦，不會做就算了，剩下的我自己來完成！」

選擇演出「威脅」劇碼的時候，主管會說：

「你連這個都不會做，那麼我還用你幹嘛，接下來你自己看著辦！」

主管成為「參與者」，很容易造成下列兩種後遺症：

「妥協」會造成年輕人繼續依賴、不斷擺爛，或者得寸進尺、自以為是。

「威脅」會造成年輕人開始抱怨、向外求援，或者集體反抗、選擇離開。

此時最好的方式，就是要請主管扮演「旁觀者」，避免和年輕人一同「站在舞台上」，而是要學會在舞台下引導舞台上的「主角」入戲。

要特別注意的是，**「旁觀者」不是導演，所以也不要用第一人稱去指責或糾正舞台上的年輕人，而是以第三人的角色來協助或引導。**

選擇當「旁觀者」的主管可以這麼說：

「我發現你因為這件事情不會做，似乎有點情緒，請問是針對我嗎？」

通常年輕人會回答：「不是啦，我是因為……其實我大概知道……」

此時主管什麼都不用說，靜靜地聽他解釋就好。

接著，可以從年輕人的回答找出正向的引導，例如：

「我很開心聽到你這麼說，你知道接下來該怎麼辦，我很期待你的表現！」

扮演「旁觀者」的主管其實不用說太多，只要引導就好，**讓年輕人說出自己的想法和結論，他會更開心接受自己想做的事情**。

許多習慣運用權力的主管，會不自覺地變成「參與者」，當你讓自己進入戲碼，被主角的情緒牽動，反而會讓事情更複雜。對於習慣擁有決定權的年輕世代來說，以「旁觀者」角色協助他在舞台上發光，才是以影響力取代權力，甚至是不戰而屈人之兵的好領導。

馬上練習　扮演旁觀者的台詞

<table>
<tr><th>參與者劇碼</th><th>旁觀者劇碼</th></tr>
<tr><td>⚠妥協
好啦，不會做就算了，剩下的我自己來完成！</td><td rowspan="2">主管：我發現你因為這件事情不會做，似乎有點情緒，請問是針對我嗎？

年輕人：不是啦，我是因為……其實我大概知道……

主管：（什麼都不用說，靜靜地聽他解釋）

主管：（正面引導）我很開心聽到你這麼說，其實你知道接下來該怎麼辦，我很期待你接下來的表現！</td></tr>
<tr><td>⚠威脅
你連這個都不會做，那麼我還用你幹嘛，接下來你自己看著辦！</td></tr>
<tr><td colspan="2">扮演「旁觀者」，最重要的是：
引導年輕人說出自己的想法和結論，
他會更開心接受自己想做的事情。</td></tr>
</table>

05 應用技巧：拉近距離，卻不被爬到頭上

方經理自從接任主管職之後，總想著把團隊帶好，過去跟同事有些距離的他，開始練習放下身段，偶爾會對同仁搞笑。

問題來了！當方經理放下身段，剛開始的確贏得許多同仁的信任，但也因為距離愈來愈近，造成某些年輕同仁逾越了分際，開會時講話竟然沒大沒小，甚至出現了「越級上報」的情況。這時候，方經理該怎麼拿捏呢？

由於有愈來愈多新世代進入職場，許多主管也慢慢地放下自己的權威性，希望增加自己親和的那一面，設法降低權威或職位造成的抗拒意識，可以和年輕人稱兄道弟，如同朋友般地相處。但是，如果沒有拿捏好尺寸，這類主管也很容易造成年輕同仁在對應時失去了分寸。

那麼，身為主管，到底該不該和年輕同仁有私交？難道公事公辦不行嗎？

釐清公／私界線

其實，有許多主管放下身段，都是一想到就開始做，卻疏忽了明確表達自己的原則和界線，反而讓年輕同仁無所適從。所以主管們要找出適合的宣布時間，釐清公務場合和私下互動的界線

要怎麼找出「適合」的宣布時間？請記得一個原則，**宣布界線的時間點在私下互動融洽的時候，比在公開會議時宣布的效果要好**。因為在輕鬆的氣氛下，同仁的接受度相對較高。

主管可以這樣說：（話術一）

「因為這個職位不好做，所以有時候必須戴上面具，這也是我的無奈……以後如果是像這樣聊聊天，大家就不必太拘束……回到公司的正式會議場合，大家再麻煩給我個面子就好……」

也可以這麼說：（話術二）

「我很感謝同仁對我的支持，像現在大家比較沒有距離，輕輕鬆鬆的感覺超棒。但是白天畢竟有職務在身，我必須扮演比較公平客觀的角色，有些得罪的地方也請大家包涵……」

上述說法可按照主管個人的習性，以及大家的接受度進行調整，不用擔心說這些會為活絡的氣氛澆冷水，反而是先釐清了界線，讓大家有可以遵循的原則，將來彼此之間的互動，至少有個尺度可以拿捏。

表達以上想法後，同仁會希望看到更多實際做法，因為很多主管習慣嘴巴上說說，如果同仁真的放鬆、不拘束，反而被「釘」得很慘。

在釐清界線後，接下來就是設法做到。有心的主管可以請活潑的同仁設計一些活動，讓大家相信主管是「玩真的」。比如說：公平競爭的「部門小競賽」、「吃餅乾大賽」，主管也參與的「真心話大冒險」、「快問快答」、「誠實棒棒糖時間」，甚至是主管帶頭上台耍寶……等等，要讓同仁感覺到主管是真的放下身段，而非裝模作樣。

然而，在主管「做到」放下身段的過程中，難免有年輕同仁拿捏不好分寸而誤踩了紅線。當同仁接近紅線時，請記得要以帶著輕鬆幽默、但「委婉而堅定」的口吻提醒，處理方式可依循以下原則：

1. **踩到紅線一定要說，不然會形成「破窗效應」。**
2. **說的時候千萬別生氣，不然會「回到原點」。**

在這裡，我舉出下列兩種需要處理的「紅線」狀況：

一、在正式場合回答太過輕佻

公司月會裡，方經理為了達成業績目標，追問小陳「客戶在哪裡」，小陳卻故作調皮回答：「哈，客戶當然在我心裡呀！」

事關業績目標，若不處理恐會造成破窗效應，此時方經理可以這麼回答：（話術三）

釐清公／私界線的 3 原則

1. 找出適合的宣布時間
2. 讓大家感覺到主管「說到做到」
3. 接近紅線時「委婉而堅定」的提醒

「哈哈，我當然知道你的內心隨時有客戶，但是會議中還是要講出來讓大家知道，所以我再問一次，客戶在哪裡？請你告訴大家……」

說話的過程，主管的態度可以稍微變得嚴肅一些，但是不要生氣，同仁就會知道他已經踩線了，接下來就會調整。

二、在私下場合越級上報

小王和林副理都是方經理的部屬，但是小王和林副理素來不合，因為最近方經理學習放下身段，常和部屬私下互動，小王也比較敢跟方經理說話，但隨著兩人的互動變多，甚至出現小王直接找方經理談林副理不答應的事情，希望方經理能夠直接同意。此時，方經理的回答可以是：（話術四）

「小王，我很欣賞你的能力，也喜歡你這個人，但是不能因為喜歡你而架空林副理啊，你所說的這些都是他該做的事情，我也必須訓練他有解決這些事情的能力。如果可以，我希望這些事情你要先跟林副理溝通一下，我相信你能找出讓他同意的解法……」

最好可以加一句：（話術五）

「不管我們的私交再好，你也不希望被別人說我偏心吧，或者讓你被貼上一個『越級上報』的標籤，這樣反而是害了你。」

這樣表明原則和立場的明示或暗示，相信小王在聆聽時至少不會有立刻被責難的感受，也讓這件事即使外傳，方經理也能讓大家有個客觀的評價。

其實，主管要在工作中做到「公私分明」，是一個理想，實際執行起來有莫大的困難，因為在自己的部門當中，主管難免需要同仁的協助，更需要有力同仁（意見領袖）的支持。但在過程中，也請主管記得要秉持原則——

委婉而堅定；

委婉的是態度，堅定的是立場。

06 團隊激勵：聊天談心，比請客吃飯有效

「河泉老師，我常常請同事吃飯，辦公室也常舉辦慶生會或是相關活動，為什麼我和他們的關係還是沒有具體改進，對團隊的激勵效果也不大？」高部長是一間知名企業的主管，在一次激勵士氣的課程中舉手發問。

「各位主管為什麼會覺得只要請客吃飯，就會產生激勵士氣的效果？」當著公司高階主管的面，我這麼回答。

「其實請客也不是沒效果，可惜的是，你們都只做了第一步。」在主管們有點錯愕的神情下，我緊接著說。

「那第二步是什麼？」現場有主管忍不住出聲詢問。

為什麼現在請同仁吃飯的激勵效果不大？我們先來了解背後的形成原因。

聊天談心才能拉近距離

回想在老一輩的時代，「投入工作」是大多數人的習慣，偶爾碰到主管請客吃飯，會覺得喜出望外，吃完飯之後會抱著感恩的心情，加倍認真工作以回報主管。但是新一代則覺得，我們工作得這麼辛苦，主管請吃飯也是應該的；在辦公室裡慶生也只是為了大家工作時比較開心，沒什麼特別要感謝的地方。

另一方面，主管請客吃飯或是舉辦部門活動的目的，原本在於拉近與新世代同事的距離，但有些主管卻只做了半套，在請客吃飯或是部門活動的場合，仍維持著平常的身段，那麼如何能讓新世代願意親近你呢？

例如，許多主管不知道怎麼跟同仁「哈啦」，只能硬著頭皮隨便問幾句，結果想當然耳，同仁也就隨便回覆幾句，等到吃飯或活動結束之後，彼此的感覺也就回到了原點。其實，這一代年輕人的成長背景，物質條件豐厚，主管請客吃飯不是重點，重點是能否跟他們「聊天談心」，**他們最需要的激勵，是主管適度的在意；聊天切入內心，才能讓這餐飯發揮最大的效益**。

聊到心坎裡的兩大技巧

找年輕同事聊天的重點有兩個：

一、請從輕鬆的話題切入，別否定同仁的答案

聊天的話題請從輕鬆、容易回答、不牽涉價值觀的內容著手，例如喜好興趣、假日休閒。請切記，不論同仁說什麼，都要認真傾聽，千萬不要在第一時間去否定同仁，例如：「你怎麼會做那些呢，那不是很無聊嗎？」即使你的出發點只是開玩笑，同仁聽了都會覺得不太舒服，內心也立刻關上聊天的大門。

二、不妨筆記同仁所說的話，並且給予真誠的回應

同仁如果回答得很認真，主管也要給予一定的尊重，甚至可以追問：「哇，這個聽起來很有難度，你都怎麼做？」

新世代對於他感興趣的事情，會興高采烈地描述，反正是吃飯或休閒時光，

主管不妨當作學一門新鮮事，而且年輕人願意說的愈多，敞開心房的機會就變得更大。擅長帶心的主管，甚至還會**做個簡單的筆記，記錄同仁的喜好，以做為下次「進一步」聊天的依據**，這也會讓同仁覺得自己很被主管在乎。

如果請客是為了激勵團隊，過程中也請主管全程參與和陪伴，不要讓同仁覺得虎頭蛇尾。許多部門聚餐的激勵效果之所以不好，原因之一就在於，主管只有在開場時說幾句話，「謝謝大家」之後就離開歡樂的現場，好不容易醞釀拉近距離的氣氛，也就浪費了。

我知道有很多主管的立意良善，提早離席的用意是：「既然是獎勵大家的，我只要開個場就好，怕自己在現場，大家會不敢歡樂。」

聊到心坎裡的指導原則

1. 從輕鬆的話題切入
2. 別否定同仁的答案
3. 筆記同仁所說資訊
4. 給予他真誠的回應

可是如今的狀況是，**主管更該學習「如何讓自己在現場，大家也能夠開始歡樂」**，這是現階段的主管必須學習的功課。

互動過程中，如何放下身段？

聚餐、活動其實都是為了拉近彼此的距離，那麼在和同仁互動的放鬆過程中，主管該如何放下身段，讓同仁留下好的感受呢？有兩個做法：

一、笑著接話題

既然是放鬆、是激勵，主管應該要練習不管聊什麼樣的話題，都要能夠笑著接續幾句。如果這個話題是主管不擅長的，但大家又聊得很熱絡，表示這是年輕同仁習慣的話題，此時主管不妨放下身段求教，即使提出的問題有些愚蠢，反正就是鬼扯嘛，同仁反而會覺得新鮮，並且知道主管真的開得起玩笑。

二、別板起臉來教訓

有些主管常常會說：「放輕鬆，別怕和我開玩笑！」可是等到同仁真的開起玩笑，主管又會板起臉孔說教，甚至把同仁們訓一頓，這是「放下身段」最大的忌諱。

新世代主管要內建「On & Off」的開關，放鬆時刻啟動「Off」鍵，讓年輕同仁敢於暢所欲言，如果真的瀕臨失控，可以笑著說，「哈哈，好啦，今天吸收了好多年輕的資訊，讓我消化一下，下次我的戰力會變得更強。」

這個時代的「**激勵團隊**」，**不是古代帝王的「賞賜臣子」**，在上位者千萬別再認為拿錢出來請客，底下就會覺得「皇恩浩蕩」。在這個需要和年輕伙伴「平起平坐」的時代，想要激勵同仁並達到效果，主管一定要調整心態，才不會花錢請客又找罪受。

放下身段的 2 大指導原則

1. 同仁鬼扯什麼話題，都要笑著接下去
2. 同仁開玩笑逾矩，別板起臉來教訓

07 長假收心：三步驟化解年後的「蠢蠢欲動」

「河泉老師，開工沒幾天，感覺年輕同仁的心還很浮動，甚至還有人跟我說有點想離職，我該怎麼幫助他們盡快投入工作？」農曆年假後才剛開工，就有主管很憂慮地問我。

相較於以往老一輩的人在過完年後，就會馬上整理好心情、準備上工；新一代則不同，休假時間變長，反而讓他們的「熱機」時間也變長了，投入工作的速度也比過去來得慢。

這是因為年輕世代在網路的推波助瀾下，在連續長假期間會看到許多社群都在討論職場甘苦，人力銀行也會趁此時拋出大量的徵才廣告，再加上過年期間長輩、親友對於工作的指指點點，都很有可能影響這群年輕人的想法。

長假之後，主管很需要提振團隊的士氣，更要留意年輕同仁「收心」的狀況。

主管要學會「先私後公」

關懷同仁是人之常情，休完長假後，主管跟同仁「哈啦」兩句也是正常的。至少要關心一下同事過年去哪裡玩？或者和家人相處的情況如何？聰明的主管通常會拋磚引玉，先聊聊自己過年的狀況，再設法引發同仁「願意回應的心態」。

當部屬有回應之後，主管千萬不要覺得可以告一段落，這會把剛點燃的關心火苗又撲滅。如果同仁聊得很開心，主管不妨趁機多聊幾句，以輕鬆的方式了解同仁，一方面

打擊士氣的 6 大溝通地雷

開工前幾天，主管請先不要說：

1. 放了這麼久的假，該認真上班了吧？
2. 都上班了，為什麼還不收心？
3. 為什麼休息那麼久，還是死氣沉沉？
4. 不要再聊天了，還有很多事情要做！
5. 心情不要再浮動了，趕快專注眼前的工作
6. 我們來開個會，討論接下來的工作

減少同仁的防衛心，二方面可以多了解同仁的私下狀況，對於處理年輕同仁的「心情」會有非常大的幫助。

許多年輕世代最在意的是主管表面上在關心問候，但是講沒兩句就立刻切入工作正題，甚至板起臉來交辦工作。或許主管的用意是想趕快幫同仁收心，但這卻反而會讓同仁覺得主管根本就是「笑面虎」，說一套作一套，這樣的感覺往往比不問候更糟糕。此外，在「哈啦」的過程中，主管可以順便「把脈」一下同仁過年期間的狀態，因為在休假期間，人會出現很多雜念，有些可能對於工作有幫助，但是有「殺傷力」的念頭也不少。

如果同仁的回應正常，和你有說有笑，就表示這位同仁的狀況還ＯＫ。

但如果主管發現同仁愛理不理，接話有一句、沒一句，並且還會閃躲主管的關心問候，甚至有點保持距離，不敢和你對到眼，這時就必須提高警覺了！因為這顯示「脈象相當不穩定」，主管最好在內心裡先有個準備，最可能的情況是沒過多久，他就會到你的辦公室講出讓人「嚇一跳」的事情了。

激勵士氣是年後重點

通常在放完長假，士氣都是低迷的，在年後同仁們的心情還在恢復的過程中，主管適度打氣是很重要的。有的主管會在開工時發個紅包，有的主管會先放下身段拜個晚年，也有的主管會先請大家吃個飯提振士氣。

選擇什麼方式都ＯＫ，但要切記，千萬別「什麼都不做」，新年畢竟要有新氣象，主管在開工前幾天的所作所為，同仁們都看在眼裡，你有精神，大家就跟著努力；你沒精神，大家也跟著喘息。

除了上述做法，還有一個非常好的方式，那就是**在「團隊互動」以外，也增加「個人互動」的機會**。

過去我在銀行帶大部隊的時候，通常會在團隊互動後，把同仁一個個找來聊聊，一方面先發個小紅包，增加個別聊天的正當性。當同仁拿到紅包很開心的時候，再順便聊聊同仁過去一年內做的「最好的事情」。

記住，只講好的事情，才會讓開工的關係溫度持續上升，也順便謝謝同仁去年的幫助，強調他對團隊的貢獻，以喚醒他對於工作的成就感和那份在乎的心，人會因為被稱讚而提高努力，接下來的工作就會順暢許多。

當雙方互動到了一定的程度之後，就可以聊聊開工之後的「工作內容」。

主管們可不要小看上面的過程，許多主管都知道不要直接切入工作，但在做法上常常很粗糙，也讓這些「習慣被關心」的年輕人覺得很沒ＦＵ，例如許多主管想喚醒士氣，卻只是提醒同仁「別忘了工作」，其他也沒說太多，就是錯誤做法。

牽手走，比單方要求更有ＦＵ

對於新世代來說，年後沒有多請假，能夠回來準時上班，主管就應該要趕快拍拍手才對。如果主管只是單方面的宣布工作，很容易讓他們覺得冷冰冰並且不近人情，為什麼剛開工就要一直催我？

如果雙方有ＦＵ之後，主管接著詢問開工的工作中，不妨先說：「接下來的工作，有哪些需要我協助的地方？」通常會讓同仁有溫暖的感覺。當同仁提出需要協助的地方時，雙方其實也在釐清接下來要做的工作事項，但是這樣的切入會比要求同仁「單方面說明」他手邊該做的事情及優先順序的感覺好太多了。

最後一個步驟則是我不斷提到的重要概念：

年輕世代在乎的是自己的未來，

而不是公司的將來。

最棒的新世代主管是在詢問年後的工作時，能夠同時關心同仁自身，避免讓同仁覺得自己只是公司的「棋子」。而且才剛過完年，年輕人一定會想想自己的未來，這個時候若能**先關懷同仁的未來，再順便「置入」公司的將來，並且表達怎麼樣做到對雙方都好**，就是英明的主管該展現的智慧。

年後激勵 3 步驟

STEP1：一對一聊聊同仁過去一年做的「最好的事情」

STEP2：對年後工作，以「協助」代替「單方面要求」

STEP3：關懷同仁的未來，順便「置入」公司的將來

08 別用 LINE，最好面對面溝通的六件事

鍾經理被小葉氣得半死！

上週小葉傳 LINE 說手邊工作太多，鍾經理也用 LINE 安慰了他幾句，雙方來往了幾個回合，鍾經理以為沒事了，沒想到今天竟然接到小葉的 LINE 說：「經理，我想離職了，我今天先請假一天沉澱心情，明天會去公司辦離職手續。」

鍾經理簡直要氣炸了，有關「離職」這麼重要的事情，年輕人難道只能用 LINE 告知嗎？他實在是無法理解，而且昨天不是已經用 LINE 安撫過他了，為什麼沒用？

其實也不只是小葉，現在部門內年輕同仁碰到工作問題時，也是直接發 LINE 詢問，對於主管提出的疑惑，也不會當面解釋，還是只用 LINE 來回應，也不知道他們到底有沒有聽懂，這讓鍾經理想不通，為什麼年輕人那麼愛用 LINE 溝通？

年輕世代不擅長當面溝通

工作溝通可以分為「當面溝通」和「非當面溝通」。

「當面溝通」有肢體語言作為輔助，可減少雙方的猜測和誤解，而「非當面溝通」很容易造成誤解，形成工作衝突。過去在工作上，如果無法當面溝通，有耐心的會選擇郵寄信件；重要公事或耐性不足的人，寧願採取快速的電話進行溝通。

隨著網路科技發達，社群軟體興起是一大福音，走到哪裡就講到哪裡，而且無論講多久都免費，也因為便利的科技，讓年輕人在溝通上求快——不用移動座位就可以溝通，也習慣於用文字溝通。進入社會後，他們也將這種觀念帶到職場，即便坐在隔壁，也很習慣地「發訊息」給主管，但奇怪的是，許多主管也都配合辦理。

年輕人愈來愈愛用 LINE 溝通，也愈來愈不擅長當面溝通。一是新世代的文字和貼圖用太多，有關話語表達的組織和思維能力，並未顯著提升；二是即使他們用 LINE 進行電話溝通，也因為對象都是同學或好友，對於職場表達的用字遣詞，以及尊稱敬語，年輕人也完全沒有機會學到。

缺乏當面溝通的能力在平常還無所謂，如果是在工作上碰到重要的關鍵，年輕人常常會因為「文字」聯繫而造成雙方莫大的誤會，這也讓新世代對於面對面的表達更加缺乏信心。

事實上，用 LINE 溝通並非不行，只是文字是沒有情感的，而且只有單方面的表達，不夠完整和具體，很容易造成意見上的不一致。

所以，在工作中愈是重要的事項，千萬要避免只用 LINE 進行「非當面溝通」，以免造成各說各話的誤解，釀成兩邊的衝突，甚至形成重大傷害。

其實如何用 LINE 進行溝通，也應該是「部門規則」的一部份，講清楚才不會造成衝突和困擾。建議主管明確規範，下列六種情形最好「當

用 LINE 溝通的 6 大困擾

1. 文字無法完整表達情感
2. 文字 LINE 來 LINE 去，無法捕捉對方真正想法
3. 溝通中，已讀不回造成猜忌
4. 急著溝通，對方未讀也增加情緒
5. 即使文字告一段落，也不代表真正解決
6. 傳錯收回前被截圖，造成困擾

面溝通」，即使前半部用 LINE，後半部也必須面對面討論：

面對面溝通的六件事

1. **有關個人工作轉變：**
包含離職申請、工作交接。

2. **有關工作教導或部門規則告知：**
包含新人到職、主管教導新技能。

3. **有關工作重大事項者：**
客戶權益、公司危機、影響同仁權益的決策。

4. **有關討論出現矛盾或重大爭執者：**
假如在群組討論，愈來愈沒有共識，甚至出現各說各話、言語謾罵、人身攻擊等類似情形。

5. **有關重大意見衝突者：**
包含對部門人員有想法、對公司決策不認同。

6. **某些討論內容屬於對方的「敏感話題」者：**

每個同仁都有自己的「敏感話題」，萬一非討論不可，建議盡可能面對面直接溝通。

以上的項目僅供參考，各公司可以根據實際狀況再作調整。後面的章節，我們也會列出一些應用情境進行解析。

PART

2 拆解新人離職心態，打造當責的跨世代團隊

年輕世代的離職心態1

09 為什麼在工作上，我要不停配合對方？

嚴副總人如其名，是一個「御下甚嚴」的主管，近十年來部門績效有目共睹，部門內也形成「使命必達、立即解決」的文化。

但在最近的一場人事會議中，由於年輕世代的離職率快速上升，為了追查原因，嚴副總聽到了幾個不同部門經理竟然都有同樣的困擾：

甲經理：「報告副總，因為公司的步調很快，讓很多新進員工水土不服。」

乙經理：「年輕人不太能接受為什麼每天的工作，都要配合其他部門的要求，並且必須立即協助他們。」

丙經理：「新進同仁覺得他們的權利受到侵害，因為分派工作時，他們沒有辦法說要不要，只能無窮盡地被要求。」

嚴副總覺得實在很不可思議，年輕世代竟然會出現「為什麼我在工作上要不停配合對方」的想法？而且還因為這個原因而離職？

因為新世代從小開始，就擁有較多的主動權。早期全家決定吃什麼，或去哪裡走走，大多是由父母決定，可是近年來這些家庭活動，幾乎都是由父母主動配合子女的意願，所以他們習慣被人配合，而不習慣配合別人。

這些擁有極高主動權的小孩慢慢長大，開始對於主導事情或時間，有一定程度的堅持，也習慣做時間的主人，欠缺團隊的融合。如果有參加社團或球隊，還可能配合大家的需求（比如練球時間，或是社團工作分配），如果沒有，就習慣用自己的進度做事，而這樣的觀念也慢慢地帶入職場中。

進入職場後，他們習慣把自己的事情做好，再加上網路助長，也隔離了人際，如果沒有增加實體互動的機會，碰到需要互動和溝通的時候，年輕世代就會出現盲點，認為「這是你的事，我為什麼要陪你起舞」？

但是企業以團隊為重，需要每個同仁配合公司的共同運作。然而，這樣的**「公司期許」和年輕世代的「個人意願」是牴觸的，自然也就造成了職場衝擊。**

帶領新世代的職場認知

遇到新世代衝擊，可別認為換了人就能解決，因為這是一整個世代轉變，再換也不會有立即明顯的改變。主管們也別急著以「團隊」的轡繩套用在新世代身上，因為他們的「團隊意識」並不強。主管們不妨想想，團隊是「權利和義務均等」，但您家裡的小孩享受了不少權利，如果要請他們盡同等義務時，他們的反應會是什麼？因此，在帶領新世代團隊時，與其逆勢而行——企圖培養年輕人的「團隊意識」，不如順勢而為，建立以下四個職場認知：

一、以「個人挑戰」取代「工作義務」

新世代進入公司，不是為組織或主子奮戰，他們更在乎自己的感受，如果主管不斷強調工作上的「義務」，他們反而會顯得意興闌珊。每個人都有「被激勵點」，有人在乎薪水收入，有人在乎成就大小，有人在乎關懷高低，倘若主管可以在年輕同仁身上找到那個「啟動」按鈕，就可以驅動他們對這份工作的熱情。

二、認同工作的「意義和價值」，勝過照本宣科

現在的年輕人進入公司，重點不在於「幫助公司成長」，更多的人是在「追求自我實現」。所以過去主管在帶領團隊時，不會在工作意義上著墨太多，就是讓員工進來努力工作就好，但是現在主管帶領新世代團隊時，請千萬記得：在進入公司初期，就必須跟年輕人告知工作的意義和價值，讓年輕人「真的」認同，後面才會配合公司的要求。

三、運用「闖關打怪」的觀念，讓工作不是被迫

現在的年輕人認為，上班時我會盡量努力工作，但是下了班就是自己的時間。順著這樣的觀念，主管不妨換個大腦，配合「遊戲世代」的習慣，帶領新世代團隊把工作想像成具有「打怪」任務的挑戰，每天的工作就視為「闖關」。

在闖關的過程中，總會有無預警的怪獸或困難接踵而來，而遊戲最有趣、也最興奮的事情，就是解決這些困難後帶來的成就感。

四、體認到高薪資報酬下的附帶壓力

許多業績頂尖的公司，員工的薪資福利也超過業界一般水準，相對地步調都非常快，壓力也非常大。員工每天進公司，都如同陀螺般配合著所有部門，無窮地消耗精力，甚至被戲稱為是來公司「賣肝」的。

所以，主管也可以與年輕人溝通，「高報酬」帶來「高壓力」在所難免，但是也不要太過勉強自己，還是要注意身心的接受程度，才能創造更好的工作氛圍。

帶領新世代的 4 個職場認知

1. 以「個人挑戰」取代「工作義務」
2. 認同工作的「意義和價值」，勝過照本宣科
3. 運用「闖關打怪」的觀念，讓工作不是被迫
4. 體認到高薪資報酬下的附帶壓力

年輕世代的離職心態2

10 公司又沒有明文規定，為什麼不行？

近幾年到很多企業分享「跨世代溝通領導」的議題，在課程當中常常被問到：「河泉老師，為什麼新世代這麼喜歡挑戰公司的規定，對於他們自己的行為規範，又總說沒有明文規定，為什麼不行？更誇張的是，有些人的離職原因竟然就是『公司規定太多』，這到底是怎麼回事？」主管們開始七嘴八舌地說出許多年輕人的「奇怪」想法。

其實，這樣的疑問可能也出現正在看文章的您心中，不妨一起來看看以下問題，您的認同度有多高？

Q：在傳統主管心目中，最無法接受哪些年輕世代的提問？

□為什麼開始上班就不能再吃早餐？
（年輕人這樣想：我又沒有影響工作）

□用個人 LINE 回覆客戶為什麼不行？
（年輕人這樣想：這樣不是比較快嗎？）

□一邊工作、一邊聽耳機應該還好吧？
（年輕人這樣想：反正我也在做事啊）

□美甲或刺青有什麼不對？
（年輕人這樣想：我又沒有耽誤該做的事情）

□為什麼不能ＰＯ文談公司的事？

（年輕人這樣想：我講的是事實，只是抒發情緒而已）

□已經快到公司了，請同事代打卡也還好吧？

（年輕人這樣想：反正我也快到啦）

□在辦公室穿拖鞋很嚴重嗎？

（年輕人這樣想：反正我也不會走出去被客戶看到）

□只是服裝有點清涼（或輕鬆），別管太多好嗎？

（年輕人這樣想：穿什麼重要嗎？我又不是沒在認真工作啊）

□為什麼公司聚餐一定要參加？

（年輕人這樣想：下了班就是我自己的時間，不吃總可以吧？）

□晚點到公司為什麼一定要算遲到？
（年輕人這樣想：反正我晚來，也會晚點走補回來呀）

□為什麼要求我們提早到公司開會，卻不給加班費？
（年輕人這樣想：過去員工沒要加班費，是他們的選擇，這是我的權益）

□整理資料的格式不符合主管標準，有什麼關係嗎？
（年輕人這樣想：重點應該是整理出來，而不是格式吧？）

□今天臨時換班，只要跟同事講好，為什麼一定要報備？
（年輕人這樣想：重點應該是有人在做事，是誰做的重要嗎？）

□開會為什麼不能滑手機？
（年輕人這樣想：滑手機也是一邊在做公司的事啊）

以上的想法，就是許多年輕人內心的ＯＳ。

主管們也別先急著責怪年輕人就愛挑戰權威，其實觀念之所以大不同，都是來自於雙方的成長背景。

大多數主管，都是一路循規蹈矩、聽話配合走來的，碰到現在新世代的行為會覺得不可思議，也不是因為主管們有多乖巧，而是因為我們多年來習慣被制約。主管們不妨仔細想想，上述那些您無法接受的行為或想法，如果是您的小孩，是不是就沒這麼奇怪了？

面對新世代進入職場後，發出公司過去不曾碰過的質疑，主管們千萬別立即針對他們的「個人行為」發難，這樣容易淪為「對人不對事」，甚至被貼上職場「不友善」的標籤。

以下提供主管四個具體可行的步驟，解決新世代對工作場域的質疑：

步驟一：將新世代對公司的衝擊行為盡可能地全部列出來

步驟二：將上述行為分成「偶發性」或「常態性」

如屬「偶發性」，可以視為同仁本身獨特的狀況；如屬「常態性」，表示大多數的同仁都有可能發生，不管公司以前有沒有規定，都要列出適當的解決方案。

步驟三：「常態性」行為者請根據影響的「嚴重性」列出解決順序

「常態性」行為若是屬於法律有規定者，可以請同仁配合；屬於公司行政命令有規範者，請務必在同仁進公司時告知，並確認獲得員工了解並同意。

倘若不屬於以上規定者，也可以分成下列兩類：

1. 與業務「**有直接利害關係**」的行為，可以由公司訂出規定，但必須合乎法律或行政規範，並且先行告知。
2. 與業務「**無直接利害關係**」的行為，必須討論是否會對公司業務有害。如果會，必須找機會召開會議進行討論，過程中讓同仁們形成共識。

步驟四：以「尊重開放、與時俱進」為原則讓同仁討論

請主管們記得，因為事關員工的權益，會議必須盡可能開放同仁參與（包含線上），讓大家討論提出意見和想法，形成最大多數共識。高層請以「**尊重開放、與時俱進**」的原則，提醒同仁會議中一切的過程和結果，都必須符合法律和主管機關規定。

同時，所有會議中作成的結論，盡可能列入勞資協議或工作規則當中，以書面的方式更新或公告，未來新進同仁報到時可明確告知，增加後續的互動順暢。

幫助年輕世代思考「為什麼」

其實，新世代的成長過程，由於從小在家庭和學校「極度自主」的環境中長大，很容易形成一些「做自己」的習慣，進入「規矩很多」的企業裡，年輕人也需要適應。很多時候，年輕同仁會覺得「我過去都是這樣啊」！「又沒有規定不行，為什麼不能做」？他們不是想要挑戰權威，而是沒有人去教他思考「為什麼現在這

麼做不好」？又或者「該怎麼做比較好」？

傳統的管理方式只是告訴年輕同仁相關規定，卻沒有說明其原因，這樣的管理方式可能對年輕人不太公平，同時也會讓新世代覺得，上面都只會罵我這樣不好、那樣不好，但是有誰可以告訴我，到底為什麼不好？

所以親愛的主管們，在質疑年輕人有這麼多的「奇思妙想」之前，請先幫助他們學會思考「為什麼」，知道當初制定這些規定的原因，才能讓年輕人產生對公司的認同和歸屬感。

解決新世代對公司的質疑

STEP1：將新世代對公司的衝擊行為盡可能全部列出來

STEP2：將上述行為分成「偶發性」或「常態性」

STEP3：「常態性」行為根據「嚴重性」列出解決順序

STEP4：以「尊重開放」為原則，開放同仁參與討論

年輕世代的離職心態3

11 遇事無法解決，就雙手一攤說：「我盡力了！」

江經理是老朋友了，中午一同用餐時，他忍不住吐了個苦水。

「老師，您知道我們的公司在業界也算是個領導品牌，想進來的人其實不少，但是我發現現在年輕人的素質似乎不太一樣了。」江經理開頭說得委婉。

「怎麼說呢？」我詢問。

「有個新進同仁讓人很頭痛，他是國內頂尖研究所畢業，面試時都正常，進來後，我就慢慢發現他做的事情效果有限，但是藉口一堆。」江經理回答。

「經理，能不能描述個實際的例子？」我追問道。

「有個專案必須在月底前完成，部份進度需要隔壁部門配合，我只是請他去追蹤並確認，之後他就頻頻抱怨隔壁部門同事不願配合，昨晚甚至雙手一攤，說自己已經盡力了，然後就把問題丟回來給我了。

然後我質疑問題還沒解決，他就乾脆說自己的能力有限，要不就離職好了。現在年輕人怎麼對工作這麼缺乏責任感啊，您看這該怎麼辦？」

「您有沒有想過，他為什麼雙手一攤，這樣回答的原因？」我繼續詢問。

「沒什麼好想的啊，這樣的年輕人就是沒能力，又沒有責任感，事情只會做完、不會做好，就是不應該呀！」江經理氣憤地回答。

「當年輕人說，**我已經做了……但對方……我能怎麼辦**？主管聽到的第一反應，幾乎都會認為這些年輕人也太沒有責任感？您的想法沒錯，但年輕人會這樣認為，背後通常有三種心理因素，您願不願意聽看看，給他們一個改進的機會？」**解決跨世代代溝，上位者才是重點**，我想給江經理一個台階，讓他願意聽下去。

「當然，我一定會給年輕人機會的。請問老師，到底他們看待工作是基於哪三種心理因素呢？」這麼說果然激起了經理的好奇心。

其實，主管們與其認為年輕人就是對工作沒有責任感，不妨沉住氣，了解他們這麼說的背景，並且引導新世代學習職場三門課：「當責」、「ＥＱ」、「思考」，從而建立彼此都能接受的共識。

引導新世代學會職場三門課

一、年輕人：「我已經講了，剩下是對方的責任，你幹嘛怪我？」

↓引導他學會「當責」

聽到這種反應，許多主管都會直覺性發怒，認為：「對方不給就算了嗎？你不會想辦法嗎？」但年輕人卻認為「我已經跟對方說了」，就已經是對工作有責任感的表現了。

再加上年輕世代從小就被教導「做自己」，個人意識和平權觀念相對強烈，他們對於「被誤解」為沒責任感會有很大的反彈。

所以在溝通時，請主管先拿出同理心，肯定同仁做的努力，因為「跨部門溝通」本來就不是件容易的事情，繼而降低接下來互動的阻力。

另外，對年輕世代來說，「個人口碑」比「事情結果」更重要，主管不妨強調，若是經由他的溝通讓其他部門願意配合，對於團隊看待你個人的評價和你個人的工作經驗成長都是很大的加分，這樣的切入點會更容易打動年輕人。

當年輕人放下「被誤解」的反彈後，主管再告訴他責任感有三個層次：**「卸責」、「負責」、「當責」的不同**。

對工作「負責」就只是做完，而「當責」是願意多做一點，做完也要做好。

當新世代願意改變對職場的「認知意願」，主管也較能順利地帶領年輕人把對工作的責任感再向上提升，從個人的「負責」變成團隊的「當責」。

二、年輕人：「對方不要，難道我要求他嗎？我可不想拜託別人！」

→引導他學會「EQ」

職場需要學習EQ，然而這個世代年輕人的自尊心是史上最強，因為他們從小就被父母捧在手心上，養成了高度的自我優越感，尤其是被視為「人生勝利組」的頂大畢業生，會更不習慣被拒絕。

一旦進入社會後，當他們開始碰到挫折和踢到鐵板時，也會比一般人更容易要面子和不滿。遇到這種情況，主管要避免情緒性的回答：「你不求他，難道要我求你嗎？」

也要避免用威嚇的方式回應，例如：「我不管你用什麼方法，自己去解決，明天中午放我桌上！」

主管可以引導新世代員工思考被拒絕的理由，找出解決關鍵，陪著他們練習解決，養成自信心。或者，主管也可以說個故事，講講當年自己曾經遭遇的「慘狀」（故事是真的最好），讓年輕同仁覺得「哈，你也有當年」，這會加深他們願意嘗試的心。

同時也讓他們知道，職場並不是如考試一般地單打獨鬥，更像是班級比賽的團隊合作，所以請別人協助也未必要低聲下氣，不妨自我練習提升溝通技巧，讓對方願意協助自己。

三、年輕人：「我不知道這個問題怎麼解決，但問了可能被看輕！」

↓引導他學會「思考」

網路社群的興起降低了年輕人面對面溝通的能力，再加上從小就受到大人們的重視，更使得他們很習慣講出去的話就該被肯定和尊重。一遇到被打槍或否定的狀況，年輕人相對地不擅長解決，並且很容易生悶氣並責怪對方。所以，當年輕人無法解決問題時，請主管先不要第一時間就帶著情緒質疑：

「你不是○○研究所畢業的嗎？為什麼這麼簡單的事情都做不好？」

或者是：「為什麼你不會做，但是又不問？是覺得靠自己就可以嗎？」

以方才所說的「跨部門溝通」為案例，主管可以採用「問題釐清法」，委婉而堅定地引導新世代同仁一步步地思考，直到有答案為止；如果中間有值得討論的，也可以運用下列步驟，反覆引導到讓他們知道答案：

步驟一：你是跟隔壁部門的誰說的？

步驟二：對方大概是怎麼說的？

引導新世代學會職場 3 門課

當責：「負責」是做完，
「當責」則是做完也要做好

EQ：請別人協助未必要低聲下氣，
自我練習溝通技巧

思考：委婉而堅定地引導新世代思考，
直到有答案為止

步驟三：你覺得他不願意配合的原因，和你提供的內容有沒有關係？

Y. 有關，那麼是什麼？

N. 無關，那會是什麼？

步驟四：討論到這邊，剩下的你能不能解決？

Y. 如果能，預定何時可以解決？

N. 如果不能，希望我提供什麼協助？

雙手一攤，表明自己已經盡力了，是愈來愈多剛進入職場的年輕人會說的話，請主管在被一秒惹怒前，記得「**別用舊觀念，帶領新世代**」，雙方才會愈走愈順。

年輕世代的離職心態4

12 做的事情差不多，為什麼別人的獎金比我多？

陳處長所處的企業是老客戶了，在一次訓練課程中我們久別重逢，但向來天南地北無話不談的他，那天卻若有所思、言不及義。

「處長，怎麼了？看來似乎有些煩心事？」趁著空檔我把他拉到旁邊。

「老師，被您看出來了，我今天是專程來請教的。」處長嘆了一口氣。

「怎麼了？您說。」我很認真地問。

「公司去年業務量大增，進來不少年輕人，前半年狀況都ＯＫ，這半年陸續有部門主管回報，說這群新世代很愛計較，不斷拿別人的成果、績效、獎金和自己相比，還抱怨內部考核辦法不公平，這該怎麼解決？」他環顧左右，降低了音量。

「處長別擔心，這小事情，下課後一起吃飯？我報告一下可用的方法。」我拍拍處長的肩，希望幫他打打氣。

「愛計較」背後有兩種可能性

當年輕同仁抱怨：「我們做的事情差不多，為什麼他的獎金比我多？」這段話通常有兩種可能：

一、年輕世代習慣「平權」

在心理學上有一個「公平理論」（Equity Theory），意思是**人們會觀察自己與他人的投入和報酬成果，來比較是否公平，這也會影響後續工作動機的強弱**。

有些人常覺得自己遭受到不公平的對待，是受到原生家庭或學校影響。從小處在被欺負的地位，例如曾被霸凌、不受重視，被冤枉無處申訴，長期便出現了「被剝奪感」和「被害者心態」。

不過，大部份年輕世代反而是因為成長於幾乎是人類史上最平權的時代，社會上追求人人平等，包括性別、種族、年齡、外貌等都不得有歧視，所以他們從小就有很強烈的「平權」觀念，在家裡和爸媽平起平坐也被他們視為理所當然，這和老一輩的長者為先、尊卑有序的想法截然不同。

等到進入職場之後，年輕世代也將這樣的平權觀念帶進公司，而且習慣爭取和比較自己的權益。然而，傳統的主管來自威權管理的時代，在要求團隊意識的觀念下，也習慣「打出頭鳥」。面對年輕人爭取權益時，難免會直接說出：

「你為什麼那麼愛計較？」、

「吃虧就是佔便宜，沒聽過嗎？」

「不然你和他換工作，不就公平了！」

通常，這種話只要一講出口，討論的焦點就會模糊，甚至很容易背上「慣老闆」、「血汗工廠」、「霸凌員工」的惡名。

因此在面對習慣爭取權益的新世代同仁時，主管必須先評估這些負面情緒對其他人所造成的影響，以及這位同仁對工作單位的產能價值。最好可以做出「負面情緒／工作價值」的比值評估。

若負面影響「小於」工作價值，可以把同仁找來，用以下六招解決：

1. 讓他練習說出不公平的感覺

許多員工從小只要說出對不公平的抱怨，就被打壓或責罵，完全沒有宣洩管道。因此，主管不妨耐著性子，聽聽看他對比較或計較的點在哪裡，很多時候會發現他們需要的只是上面的傾聽，以及和藹的說明。

2. 和他聊聊自己碰過的不公平

職場的不公平所在多有，**天底下最公平的，就是每個人都會遭遇不公平**。當同仁認為不公平時，主管先別急著給答案，可以和他聊聊自己以前在職場碰過的遭遇和狀況，很多人聽到別人更悲慘，自己就會感覺好多了。

3. 營造同仁互相扶持的部門文化

常覺得受到不公平對待的同仁，前面談過有其心理因素，他們擔心被邊緣化，需要被肯定和關懷。所以有經驗的主管，通常會營造和諧的部門氛圍，讓前輩來照顧新人，至少在進來的第一年給予協助和打氣支持，幫助新人盡快融入，就能有效降低他們愛比較的抱怨，以及負面情緒的傳播。

4. 讓他看清別人得到好處，背後不為人知的苦處

年輕同仁很容易只看到表面得到的好處，而疏忽了他人背後的辛苦。主管可以用「委婉而誠懇」的態度，客觀描述大家沒看到的辛苦之處，接著半開玩笑地問他：「還是你願意過去試試？」就可以引導回你要的答案了。

5. 鼓勵他以比較的對象為標竿

大多數新進同事，起初都會欠缺相關的專業技能，經過前輩指導和提攜，開始慢慢熟悉相關專業。此時主管記得提醒年輕同仁，想要提高自己的價值，就必須學習更多專業技能，熟悉並強化，直到自己成為這個領域的頂尖專業人士。

6. 讓他知道私下抱怨不是好做法

主管不妨在部門內建立「只要好好說，就能被尊重」的文化，養成同仁不私下放話或抱怨，願意開誠布公討論就能得到答案的正向循環，避免這種愛比較和愛計較的心態逐漸蔓延，一發不可收拾。

若負面影響「大於」工作價值，也就是愛比較的負面情緒已經影響到部門裡的其他同仁，主管們就要特別注意，星星之火可以燎原，甚至可能造成部門集體抗爭，得要花上好幾倍的時間才能解決。

如果此時同仁的表現原本就不如預期，主管可以給最後一次機會，運用前面的六個步驟調整看看。若還是不行，而且影響層面逐漸擴大，不妨考慮壯士斷腕，反正強摘的瓜不甜。

但在這裡要特別提醒主管們，別忘了要符合法規，離職的

當年輕世代爭取公平時……

負面影響＜工作價值

1. 讓他練習說出不公平的感覺
2. 和他聊聊自己碰過的不公平
3. 營造同仁互相扶持的部門文化
4. 讓他看清別人得到好處，背後不為人知的苦處
5. 鼓勵他以比較的對象為標竿
6. 讓他知道私下抱怨不是好做法

負面影響＞工作價值

壯士斷腕，離職過程中請著重「績效表現不佳」的部份

討論或執行過程中，要**避免直接說出「因為你會影響別人」**這些的詞語，避免橫生枝節。

二、考核辦法的確有修正的必要

另一種可能性是，年輕同仁說的沒錯，公司的考核辦法的確有修正的必要，那麼又該怎麼解決呢？

其實，許多部門的考核制度行之有年，大多數新進同仁只能選擇接受。但如果時空環境、背景有所改變，適度調整的確比較公平。

倘若新進同仁對考核制度有想法，主管也先不要說：

「大家都是這樣過來的，為什麼你特別有意見？」

「別人都沒有這樣想！只有你這樣想！」

「你有什麼不一樣嗎？為什麼要求那麼多？」

最好的解決手法是，主管先表示認同，並詢問他為什麼這樣覺得？進而詢問，他覺得不公平的點是什麼？希望公司怎麼調整？

接著，可以蒐集其他同仁想法，過程中讓同仁覺得是真心想要了解他們的想法，而不是摸頭安撫。

然後，坦誠告訴大家調整需要時間，但是會盡力和上面溝通。

過程中，也請主管讓同仁知道進度，即使最後不如所願，至少同仁也能諒解。

聽完了我的建議後，陳處長的臉色似乎回復了些光彩，而我也答應將這些內容編制成下一階段的新課程，請每位主管都來聽聽，甚至熟悉演練的模擬操作，才能放下身段，學會和新世代同仁拉近距離。

當考核辦法有修正必要時……

STEP1：先表示認同，並詢問他為什麼這樣覺得？

STEP2：詢問他覺得不公平的點是什麼？希望公司怎麼調整？

STEP3：蒐集其他同仁的想法

STEP4：坦誠調整需要時間，但是會盡力和上面溝通

STEP5：過程讓同仁知進度，就算無法如願，也能取得諒解

年輕世代的離職心態5

13 工作內容太無聊，新人還被邊緣化！

即使是在疫情期間，身為產業龍頭的Ａ公司，業績仍然直線上升，根本嗅不到一絲不景氣的意味。競爭對手缺料的訊息不斷傳來，客戶的訂單也愈來愈急，顯見公司業績大好，但是才剛開完高階主管會議的趙總經理，心情卻不太好。

原來，Ａ公司的薪資水準在業界稱霸，新人一入職就有百萬年薪，但是當業務部楊副總列出如雪片般飛來的訂單需求時，人力資源部黃部長卻提出了讓大家吃一驚的數字——七月底公司出現了有史以來最高的離職率，而且大部份都落在進來不到一年的年輕人身上。

「為什麼會這樣？」趙總經理皺著眉頭發問。

「還在調查中，現在年輕人也不知道在想些什麼……」業務部楊副總回答。

「新人為什麼離職，難道都調查不出來嗎？」趙總經理的臉色更沉重。

「最近有許多年輕人進來還不到半年，就說工作內容太單調沉悶，不是他們要的，然後就走人了。」人力資源部黃部長跳出來解釋。

「這個產業不都這樣嗎？剛上手一定會枯燥無聊，為什麼以前新人都做得好好的，最近幾年這麼多問題？你們有什麼對策嗎？」趙總經理的聲量忍不住提高，楊副總和黃部長只能面面相覷。

為什麼覺得無聊就離職？

新世代生長於科技網路時代，與小時候玩陀螺和竹蜻蜓的老一輩不同，陪伴他們長大的是有聲有色的電動玩具，聲光、色彩讓感官（包括眼球、耳朵）習慣快速追逐，久而久之對於一成不變的內容專注度下降，很容易失去興趣。所以，新世代對於單調枯燥的工作內容，很容易產生無聊感。

另一方面，過去老一輩能夠堅持做枯燥無聊的工作，並不見得是多專心，最大的原因在於「沒有其他更多、更好的選擇」。可是目前剛好相反，年輕世代對於工作的選擇性眾多，即使不選擇大公司，選擇送餐或網路銷售也不怕餓死，所以他們對於期待有落差或想法不如預期的工作，往往會毫不留戀地掛冠求去，這讓許多主管最不解的是：「當年我們都能接受這樣的工作內容，為什麼現在年輕人不能？」

其實，**年輕世代只是希望工作快樂而且有聲有色，並非完全不能接受單調無聊的工作**。最困難的是剛接觸的那段時光，他們對於工作本身還沒有認同並且投入，只是第一時間覺得這個工作「和原本想得不一樣」，此時主管一定要有點耐心，先別急著否定和批評，想辦法引導他們的心態願意先接受才行。

重視歸屬感與成就感

事實上，當年主管們自己也曾經碰到一樣的適應期，不妨在新進人員碰到狀況時先予以認同，並分享自己過往類似的情境，到後來如何調整情緒的經驗談。過程中可以實話實說，坦承分享心境的變換，因為能熬過來就是自己的，此時主管的溝通重點就在於，如何陪年輕人「先熬過來」。

新世代很在乎兩大情感，一個是歸屬感，另一個是成就感，兩者至少要維持一項，才能夠有繼續工作的動力。

其實工作在一開始，很少有不枯燥單調的，因為基本功都在這最初的方寸之間，但偏偏新人就是在這段扎根過程中最容易萌生去意，所以此時除了主管之外，「前輩」和「同事」也佔了非常重要的因素。

尤其是在工作成就感尚未建立的入職初期，部門的歸屬感尤為重要，前輩或工作伙伴要展現「愛與關懷」，聽得進這些新人的抱怨和期待落差，讓新人感覺自己被接納，並以「同理傾聽」取代「批評嘲笑」，讓新人原本的玻璃心逐漸穩固到能夠擔當大任。

除了讓新人盡快加入公務群組外，也可以透過參與公司讀書會或其他學習型組織，讓他覺得自己並不孤單。在嚐到與公司其他人互動的甜美果實後，他自然會將參與度從〇%提升到二十%、四十%，漸漸融入現有團隊。一旦他們的心情穩定了，才能手把手教他更多的事情。

年輕世代喜歡上社群網站的原因之一，就是刷「存在感」。他們非常擔心自己不受歡迎或被無視，也不希望自己變成「邊緣人」。主管認為是現在年輕人「**不主**

動」**參與團隊**，但從新世代的角度卻會認為是自己**在團體中「被冷落」**。

此外，年輕世代從小大多在「眾人呵護」的環境下成長，早就被自以為好心和關心的長輩們，「剝奪」學習如何融入團體的機會，甚至也習慣父母親一個口令、一個動作，並養成一種「先觀望」的習慣——先了解新環境的狀態，謀定而後動。

陪伴新人熬過最初「動盪」

這樣反應也容易讓很多主管看到新人楞在當場，不知道該做些什麼，還以為年輕世代的反應怎麼這麼遲鈍？甚至也有主管認為「自己當年也沒人帶」，雖然前輩沒有手把手地教，新人自己就應該在旁邊看，為什麼可以閒在那邊不動作？其實，此時年輕人不是傻愣，而是在觀察。主管不妨告知同仁，新人對現有團隊可選擇觀望，也可以選擇勇敢融入團隊。若他選擇融入，過程中請予以肯定，並塑造一個敢在團體中主動發問的工作氛圍，讓他們樂於和其他團隊成員一起解決問題。

好人才未必擁有高穩定度。跨世代主管要知道，「期待落差」或是「想再多看看」，都可能讓新世代放棄目前相對枯燥的工作內容，因為等待和忍耐並不是他們的專長，所以一定要陪伴這群年輕人熬過最初的「動盪」。

至於，怎麼提高工作成就感，留住新世代？

在容許變化性做法的服務業，主管可以鼓勵年輕人學會：**「每天做同一件事，但用不同的方法」**。例如，公司規定讓顧客「賓至如歸」，就可以鼓勵他面對每一位顧客都可嘗試不同做法，培養他解決各種問題的能力。

如果是在流程一致的科技製造業或金融業，主管可激勵年輕人思考：「有沒有更快的流程？或更加精實的做法？」另外輔助獎勵或獎金，也可以激發年輕人思考提升工作流程改善的意願。

同仁沒有的能力，把它找出來；同仁已有的能力，將它激發到更高，這是跨世代主管必備的領導力，也是幫助團隊新舊融合、運作順暢的關鍵。

跨世代主管必備——

同仁沒有的能力，把它找出來；
同仁已有的能力，將它激發到更高。

年輕世代的離職心態6

14 工作量太繁重，我才不要總是加班！

閒賢公司在新創界小有名氣，不過這家公司一點也不閒，由於產品業務掌握得相當精準，所以訂單如雪片般飛來，在裡面工作的成員常常忙得半死。

剛從國立大學畢業的小萱，一心希望能夠做些不一樣的事情，經面試進入了這家新創公司，被安排在丁經理的部門。丁經理在面試時，覺得這個小女生有想法、外型亮麗，工作能力也不錯，沒想到接下來兩個月，才是辛苦「磨合」的開始。

小萱不只一次到丁經理的辦公室抱怨，說自己的工作量太過繁重，不想要總是加班處理！但是經過了解之後，發現分派給她的工作量和其他新人並沒什麼不一樣，公司裡的每一個同仁手上，也都有七、八個專案同時在RUN，大家都是這樣的啊！

但是，小萱卻覺得為什麼公司不能一件事情、一件事情來？她實在沒辦法同時處理這麼多事情，要求丁經理想辦法調配，否則最後只能選擇離職一途了。

類似的事情也有其他年輕人反應過，但丁經理認為，只要區分輕重緩急，自然可以安排事情的處理順序，如果一次只能做一件事，公司要怎麼成長呢？

進入社會後，你一定明白時間管理的重點：

並不是有多少事情，就必須用掉多少時間；
而是有多少時間，就必須完成這些事情！

但是，新世代在學校和家庭的配合下成長，他們認為自己就應該主宰時間的分配，等到進入公司後同時被好幾件事情追著跑，自然很不能適應。

新世代習慣一次只做一件事，是因為上一代父母不希望給小孩太多壓力，就算到了學校，也會出面請老師「不要出太多作業」，讓孩子們有自己的時間和空間，以及快樂的學習環境。久而久之，孩子長大進入職場後，自然也會尋找快樂而沒有壓力的工作環境。此外，為了讓孩子們有自己的時間和空間，父母派家事也是一件一件給，如果遇到小孩反彈，還會修正規定來配合小孩，也因此在新世代的成長過程中，學不到如何判斷「輕重緩急」，也欠缺「一次做很多事」的時間管理技巧。

所有的「時間管理」技巧，都是後天學習的能力，原因就是當你來不及時，自然就會尋求效率加倍的學習方法和機制。問題來了！年輕世代從小幾乎沒有遇過「事情做不完」的狀況，嚴格說來他們不是沒遇過，而是只要這種情況一發生，父母就會出手協助解決，也因此讓這一代年輕人喪失了學習時間管理技巧的機會。

把工作視為遊戲攻略

新世代認為一次要做很多事是討厭的，但是換個角度想，他們在玩電競打怪的時候，卻可以一次應付來自四面八方、各種不同的怪物。因此，主管不妨從**年輕人喜歡的電競遊戲開始聊起，幫助他們把遊戲攻略轉化在工作上**。

例如，可把一件又一件臨時插入的任務，視為來自四面八方的各種「怪物」，若能成功打怪、逐一殲滅後會更有成就感。

此外，主管也可以提醒年輕世代，想要追求工作和生活平衡，最好的方法是有效管理時間。主管不妨分享自己的經驗談，讓他們為了準時下班，快速熟悉手上業務，提升工作效率。

主管不妨先從一次轉一個盤子（案子）開始，逐步引導他們一次轉十個盤子。過程中也要讓年輕世代知道，一次轉一個盤子當然不稀奇，一次轉十個盤子才有可能讓民眾圍觀叫好，創造自己在專業上的口碑。請主管們記得一個原則：

新世代不太願意只為「公司品牌」加班，但願意為自己的「個人品牌」奮戰。

這是因為年輕世代從小就被告知可以「做自己」——不必考慮其他，只要先把自己的事

年輕世代效率低下的 6 大溝通地雷

遇到這種狀況，主管最好不要說：

1. 就這麼幾件事也無法解決嗎？
2. 為什麼頂大高材生連這個也不會？
3. 學校都沒有教過輕重緩急的觀念嗎？
4. 一次只能做一件事，那我要你幹什麼？
5. 職場就是這樣，自己要想辦法解決！
6. 如果沒有準備好，就別急著上班

情做好就行，**這種「先考慮自己，再考慮大家」的做法，讓他們不自主地養成「以自我為中心」的習慣**。主管們不妨想想，即使是合理的需求，當小孩在忙他們自己的事情時，有多少父母敢去要求他們放下手邊事，來幫忙家務？

年輕世代認為加班≠忠誠度

年輕人追求「工作和生活的平衡」，很大原因是下了班還有許多吸引他們的「好玩選項」，既然在上班時間就能做好工作，為什麼下了班還要留下來？

反觀老一輩從小就被要求團隊優先、大局為重，可以犧牲自己來配合大家。在在這種觀念下，「加班」這件事被視為一種對工作認同，或是對上級忠誠的表現；也是一種工作態度，連接到同仁對這份工作是否尊重或在乎。

但在新世代的身上，「有沒有留下來加班」和「對公司忠誠度的高低」，根本沒有必然的關係。所以說，遇上拒絕加班的年輕人，主管不妨先理解新世代對於加班的觀點和想法，千萬別把自己氣個半死。

過去，加班是指「用下班時間繼續處理公事」，但現在的年輕人並非不願意用下班時間處理公事，他們可以接受下班期間有「緊急工作」求助，因為事出緊急，他們也會處理到完整的一個段落，好讓主管或公司能夠接手後續。因為，工作對他們來說，並非「公事公辦」，而是有一種「完成作品」的感覺，所以他們更樂意接受以「成就感」驅動來完成手上的工作。

如果是公司該付加班費的，也請依法行事。

年輕同仁之所以不願意加班的原因之一，就是老闆太小氣，既然不能申請加班費，他們就會喪失加班的意願；倘若拿不到加班費，還發生必須常常加班的情況，這就成為他們選擇離職的主要原因了。

現在的人好找，但人才難覓！對於好人才，公司別太計較成本，畢竟在不斷找人的循環當中，可能會虛耗掉更多成本。

下班期間有「緊急工作」，年輕世代會處理到完整段落，好讓主管或公司能夠接手後續。

團隊管理的盲點與痛點1

15 新人動不動就臨時請假？避免產生破窗效應

企業人資長在上課過程中向我請教，有愈來愈多年輕同仁會臨時請假或休假，該怎麼辦？剛提出這個問題時，人資長還有點不好意思。

「老師，我們知道請假是同仁權利，所以我詢問的是同仁無預警的臨時請假，而且同一天不只一個人，這樣在組織運作上的確會是一個困擾。」他強調。

我能體會人資長的為難，新世代同仁常常「無預警」臨時請假這件事，高階主管或許沒多大感受，但是中基層主管已經開始面臨這個問題了。

對於新世代來說，從求學時期開始，學校就相當尊重同學的自主性，出席率當然也是自己決定。進入職場後，他們認為工作並非生活的全部，適時放鬆是合理的，追求工作和休閒的平衡也是應該的，在壓力更大、狀況更多的情況下，我自己決定「今天不上班」也很正常。

再加上年輕同仁認為，請假或休假本來就是自己的權利，因此新世代這類無預警的臨時請假或休假的情況，也愈來愈頻繁。

另一方面，老一輩對於工作的責任感相當重視，主要原因是以前好工作難找，看到好企業自然緊抓著不放，不願意因為自己的失誤或不足造成公司的困擾。新一代則來自於優渥的環境，可選擇的企業和工作多，對於工作帶來的責任感和壓力承擔度相對低，很容易認為能做多少就做多少，做不好也應該有其他人協助我處理。

休請假當然是同仁的權利，但主管也要關心同仁請假的原因，如果請假次數頻繁，背後原因是來自於同仁對工作的不熟悉，或是在工作上出現困難的抗拒反應，主管當然有協助解決的必要。

同仁臨時請假，主管要避免說出的 5 句話

1. 你們這些年輕人怎麼「都」那麼沒有責任感？
2. 為什麼你們說請假就請假？
3. 請假不能用打電話的，一定要用 LINE 嗎？
4. 休假不是不行，不能先說嗎？
5. 請假前怎麼不先把工作交接好？造成大家困擾？

避免無預警請假的「破窗效應」

同仁依法請假的部份當然應該核准，但是請假造成的人力缺口和工作分配不均，稍一不慎，可能會造成更多同仁爭相效法。

這邊要特別提醒，主管不要認為請假是小事，一旦大家**形成「會吵的有糖吃，乖乖工作的人倒楣」的氛圍，就會出現接二連三的集體請假**，甚至不打電話、只用LINE報備的狀況，一旦形成這樣的集體慣性，主管就會愈來愈難處理。

例如，一個部門有二十人，同時請假二至三人或許還頂得住，但是如果部門只有五人，同時有二人請假，就可能出現工作代理上的吃緊。因此，建議依照企業的產業特性和工作內容，主管不妨設定一個可容許的請假標準參考值，像是同一天請假的人數不得超過總人數的五分之一，以避免影響公司運作或者客戶的權利。

另外，主管也要在部門內提醒同仁「權利和義務應均等」的觀念，避免權利被濫用，同時也別忘了對等義務是要完成公司工作的交付。

面對正常的請假狀況，主管應該以平常心看待，不應對正常請休假的同仁有過多的要求。不過，如果無預警的請休假次數過於頻繁，或者部門內類似的集體氛圍上升，甚至互相影響時，主管一定要展開的行動如下：

一、主動關心請假次數過多的同仁

這裡指的是真的關心，而不是批評式的施壓。同仁請假的次數過多，必定有原因，可能是家庭或身體的自我問題，又或是壓力或負荷的工作問題，主管都有義務關心，甚至出手協助。

二、和同仁一起討論出請假的規範

在很多部門的運作上，請假不只是權利，也是一種默契。即使大家知道可以請假，也會互相協調，彼此禮讓，盡量避免湊在同一時間。因為每個人都會碰到別人請假，需要代理人的狀況，即使自己想休假，也別讓同事或主管為難。

所以，遇到有同仁頻繁請假，造成人力不足，主管不妨召集同仁，討論出大家都能接受的請假共識。因為所有的同事都是部門的「利害關係人」，因為頻繁請假所造成的人力缺口，大家都可能受到影響，所以一起共同討論是最好的。

經大家討論，形成最高共識

在實際做法上，可以由主管召開部門會議，先說明目前同仁的請假狀況所造成的缺口問題，並且對於部門的實際影響為何。這麼做的目的是「先畫下底線」，告訴大家能夠接受的最糟情況。

同時，主管也可以列出彼此的利害關係，還有過多同仁休請假會造成的困擾，以及會影響部門的運作和客戶權益，在這樣的前提下，讓大家願意形成共識；接著可以聽聽大家的說法，再請本身也是利害關係人的大家商量對策。

部門內的人力配置，由主管決定當然也ＯＫ，但畢竟主管的想法只有單一層面，還不如集體討論來得完整而周延。所以，主管不妨先說出自己可以接受的底線範圍（例如前述，一天請假人數不得超過總人數的五分之一），並且讓大家開始討論解決方案，過程中盡量營造「達成集體共識」的氛圍，而非由主管單方面主導。

經由大家討論，形成的最高共識，在部門內運作時就不只是「公司規定」，也是大家都同意的集體決定，在同仁的心理層面上也更具有群體規範力。

團隊管理的盲點與痛點2

16 一不滿ＰＯ上網？別讓公司事在輿論發酵

「河泉老師可以耽誤你三分鐘嗎？有件事情想請教！」負責人事的余副總走進教室，把我拉到一旁。

「端午節三天連假，正是公司業績最好的時候，偏偏昨天晚上有同仁去網路社群上ＰＯ文，講出一些對公司不滿的言論，結果今天在文章底下留言的人愈來愈多，這該怎麼辦啊？」余總監一臉苦惱。

從小就是網路原住民的年輕人，在還沒有進入公司前，早已在學業、交友、溝通、購物上使用網路。網路對他們來說，是生活的一部份，除了空氣以外，可能比日光和水更加重要。

另一方面，在以往的年代裡，公司同仁擅自對外發言或接受外界採訪，都被認為是忌諱。但如今時代變了，新世代認為每一個同仁都是自媒體，無論是在自己的FB、IG，或是在X（前稱Twitter）、BBS、Dcard、爆料公社、靠北社團等，每一個人都可以抒發自己的心情，對外講出自己的想法，絲毫不在意「統一」對外發言這種事，甚至對外陳述意見或PO文，也已是新世代遇到不公平的自救方法之一了。只不過，因為上述這些社群都並非為封閉性社團，個人發言也極有可能讓公司的訊息流傳，招致外界公開評論。

其實，很多真相或許只是雙方價值觀不同造成的，面對員工對外PO文或意見陳述，公司應該改變過去只想掩蓋事實的舊有習慣，畢竟同仁有心提出公司在營運上的問題，公司也應該抱著正面解決的態度，有過則改之，無過也應該加冕。千萬別置之不理，任由習慣看到血流成河的鄉民們隨意發酵，讓公司成為茶餘飯後、端著板凳看戲的話題。

將員工PO文視為潛在危機

任何網路使用者，都有權利在任何地方發表自己的想法，但究竟是事出有因？

或者是言過其實？公司都必須正視這件事情。

公司要客觀且公平的了解PO文內容，如果內容所言屬實，公司必須還同仁一個公道；如果內容並非屬實，社會必須還公司一個清白。想要確認PO文的真實性，必須了解三個單位的說法：

一、直屬主管

通常同仁在PO文中的陳述內容，直屬主管應該是最了解過程的人。公司必須請直屬主管提出詳細報告，針對同仁發表內容，進行逐條、逐項的解釋和說明。

二、相關部門

同仁PO文的內容，若涉及到勞工權益或工作規則，就要請人資或法務部門一併說明當時處理過程。許多同仁選擇對外發表的原因，都是在公司內得不到相關單位協助，此時也要請相關單位一併提出當時處理事件的過程和書面資料佐證。

三、當事人

當事人是最重要的一部份，在了解PO文內容的過程中，盡可能避免由直屬主管獨自處理，最好是由第三方陪同（例如人資或法務部門），因為有太多案例就是直屬主管處理不當，或者掩蓋事實，才會衍生目前的結果。

如果同仁的陳述內容「屬實」，的確是公司的缺失，甚至有違法或侵害勞工權益的部份，公司應該立即改進，甚至發出新聞稿對大眾進行說明和道歉，表達本次如何改進的步驟和措施，以及相關因應的處理，並列出改進方案，以取得社會大眾認同。

核實 PO 文內容 7 步驟

STEP1：找出當事人和直屬主管
STEP2：邀請雙方都認可的長官或顧問負責詢問
STEP3：請相關部門主管一併列席
STEP4：請雙方分別就 PO 文內容進行說明
STEP5：說明過程中必須提出相關書面證據
STEP6：說詞不一時可進行雙方對質
STEP7：全程進行錄影蒐證留存

如果內容當中有「部份非屬實」，也必須和同仁面對面溝通，做到「逐條說明和回應」，也就是同仁的每一項陳述，公司都必須詳細回應，並且提出證據或證人。**最終的目的，是讓當事人能夠接受或服氣，而不是用追究或恐嚇的方式結案。**

有時，年輕同仁難免因為一時的情緒，在表達上有「不屬實」的部份，公司可以適時提醒年輕人避免有觸法的言論，雙方談妥後，建議可請年輕同仁ＰＯ文向大眾解釋，或是要由公司公開說明，可以視情形取決，在不傷害雙方的情況下謹慎為之。

同仁對外 PO 文的因應方式

1. 核實三單位說法：
   直屬主管、相關部門、當事人
2. 若陳述內容「屬實」：
   公司立即改進，發出新聞稿對大眾說明和道歉
3. 若陳述內容「部份非屬實」：
   - 和同仁面對面溝通，做到「逐條說明和回應」
   - 適時提醒年輕人避免有觸法的不實言論
   - 年輕同仁 PO 文向大眾解釋，或公司公開說明

處理完以上三個程序，最重要的是同仁所提的這些事件，究竟是「偶發」（同仁的個人觀點），還是「常態」（不少人都有的想法）？

公司一定要正視這件事，如果是偶發事件在所難免，但是如果屬於常態，許多人指證存在，公司就一定要指派專人，在事件後找出根本的原因進行解決，避免釀成更大的禍患。

團隊管理的盲點與痛點3

17 年輕人總覺得自己很厲害，不需要別人教？

王經理的部門裡新進來一位同仁 Jimmy，面試時都很正常，學歷相當不錯，談吐清晰有條理，長相也斯文有禮，但是一做事就彷彿變了個人。Jimmy 剛入職時，王經理先把他交給資深同仁 Tracy 來帶領，第一個月狀況 OK，但是當 Tracy 覺得 Jimmy 慢慢上手，想要追蹤和驗收成果時，沒想到 Jimmy 馬上面露不耐。

「Tracy，以後這麼簡單的問題，不用一直追問我懂不懂？我雖然剛進來，但是這麼簡單的工作還難不倒我！」Jimmy 沒好氣地說。

Tracy 的目的是希望帶動 Jimmy 去找出更多的工作問題，但往往一詢問進度，Jimmy 就會將溝通的門關上，這讓 Tracy 覺得頭很大，她發現這兩年進來的新人，多多少少都有這樣的狀況，他們總認為自己很厲害，不需要資深人員手把手地教！

Tracy很猶豫，她想以後就不要再這麼「雞婆」地帶新人了？

不可否認地，同樣年齡的年輕人比起過去生長在封閉和傳統環境的上一代，更加見多識廣，許多家中的3C產品或新奇事物，都是由新一代教導老一輩使用，讓「年紀大的一定比較厲害」的觀念開始轉變。

另一方面，傳統世代想要成功，效法的是亨利福特、傑克威爾許、洛克菲勒、王永慶、郭台銘等，憑藉三十年以上的努力，才能在社會上取得一席之地。但現在的情況大不同，不到三十歲就功成名就的CEO比比皆是，這讓年輕人更覺得「他們可以，我也OK」。

再加上許多年輕人在父母塑造的快樂和無壓力環境中成長，父母將子女可能碰到的困難或問題都先行排除了。這麼做，表面上是期待孩子過得無憂無慮，但是也相對的剝奪了他們面對困難的機會，也無形中助長了「自己很厲害」的觀念。

過去，「合理的要求是訓練，不合理的要求是磨練」；從學校到職場，師長和主管們習慣給予所謂的「魔鬼訓練」，然而新世代在「人本主義」和「愛的教育」下成長，父母放下威權，老師給予尊重，最直接帶來的影響就是「標準開始降低」，這也容易造就出年輕人覺得「我好像還蠻厲害的」的感覺。

先認同、被接受、再調整

傳統主管都是「一步一腳印」，慢慢做到現在的位置，對於「自以為厲害的年輕世代」，總覺得他們「還沒有學會走，就想飛」，往往會第一時間駁斥或否定，反而讓年輕人覺得面子掛不住，兩代之間容易擦槍走火。

例如，許多時候主管會一再追問或確認，目的是希望能夠引導年輕人去思考，在簡單的事情背後藏有更多容易忽視的關鍵，但面對年輕人那種不領情的態度，往往一秒被激怒，反而讓上下兩代形成情緒上的對決。

這個世代的年輕人，自信心和自尊心的強大可說是空前，如果他們覺得自己很厲害，那就先相信他們吧。與其使用「**懷疑**、**否定**、**批評**」的習慣來應對，不妨改用「**認同**、**接受**，**調整**」三步驟來調整。

例如，「覺得自己很厲害」的年輕人，過去至少有過某些成功經驗，主管不如找他聊聊了解過去「**他認為自己哪裡厲害**」？然後把這些優點放大或強化，幫助他用在現在的工作上，才能讓雙方的關係從阻力變成助力。

有沒有發現年輕世代習慣主導，他們希望擁有參與感或決定權，而不只是個被交代的普通人。所以，接續著上述的認同，主管接下來可表現出對年輕人的信任，並且期待他「擦亮自己的品牌」，讓別人看到他的能力，並且建立良好口碑。重點是讓新人學到自己覺得強不是真的強，拿出實力被他人稱讚才是真的強。

有些主管們可能會因為擔心年輕同仁自滿的態度，而予以適度的打壓。其實老一輩打壓的目的，主要是是希望年輕人「回到謙虛的狀態下，能夠學得更多」，但是別忘了，過去打壓會被底下同仁乖乖接受，現在打壓只會引起他們的不當感受。

真正厲害的主管其實有兩招：

1. 就是把新人找來聊天，先了解同仁的強項後，**找出「公司內相同強項更厲害的前輩」**，激發出新人骨子裡不服輸的個性，因為知道前輩的厲害而努力學習。
2. 或者聊聊過去很厲害的前輩「大意失荊州」的故事，因為沒注意，不但折損了原本被看好的自己，也造成了公司的重大損失，讓年輕人知道能力強是一件好事，但是「不要輕敵」是更重要的事。

覺得自己很厲害，其實並非新世代的特徵，許多主管在自己年輕時，也會有這種莫名的自信，只是過去的狂傲被打壓後會形成表面上的謙虛，但現在的年輕世代被打壓後，反而會形成很難跨越的距離。

主管不妨調整一下，寬容你我過去都曾出現過的年少輕狂，把這群年輕人看作年輕的自己，反而會豁然開朗。

當年輕人總覺得自己很厲害……

1. 先認同：了解他認為自己哪裡厲害？
   把優點放大或強化，幫助他用在現在的工作上
2. 被接受：信任並期待他「擦亮自己的品牌」
   讓新人知道「自己覺得強不是真的強，拿出實力被他人稱讚才是真的強」
3. 再調整：先了解同仁的強項
   - 找出同強項更厲害的前輩，激發新人努力學習
   - 聊聊過去很厲害的前輩「大意失荊州」的故事

18

團隊管理的盲點與痛點4

老鳥愛唱反調又叫不動？三招化阻力為助力

「河泉老師，目前團隊中有一些資深老鳥，時常會有叫不動的狀況，這樣該怎麼解決？」在一場跨世代管理的高階主管課程當中，突然有同仁發問。

「大家覺得可以怎麼解決？」我轉頭詢問。

高階主管們你一言我一語，有的說「可以用同儕壓力」，有人建議「重新定義工作範圍」，也有主管認為「可以輪調職務」，又或者「找上下級一起參與團隊會議」等方法應對。

「大家都說的很好，只是各位覺得上述這些方法，真的可以讓老鳥配合嗎？」等到大家討論得差不多了，我又問。

「這些方法也可行，但總覺得沒抓到要害，老師覺得呢？」現場突然一片沉默，總經理回應了。

「總經理的觀察非常正確，大家討論的方法並沒有不對，只是關鍵在大家只針對『事情』解決，並沒有針對『心情』解決。」我回答。

什麼是針對「心情」解決？簡單地說，就是找出叫不動老鳥的「真正原因」。

對症下藥，老鳥反成助力

職場中的老鳥，通常是指年資比較久，並且還沒有被授予主管職的資深同仁。其實，多數資深同仁還是會配合組織運作的方式，至於為什麼總有老鳥不願配合？他們的心理因素通常為下列三點：

一、老鳥仗著自己很資深

老鳥通常是公司中的資深同仁，跟著公司一路成長，了解公司文化，也熟悉上下狀況。這麼多年來，他們早就看透了主管的上上下下和同仁的來來去去，非常清楚該怎麼樣做事，可以得到什麼結果；也知道即使某些事不做，自己也不會有事。

二、老鳥仗著不可替代性

許多老鳥說話很大聲的原因，是仗著自己擁有某些別人不會的專業；或者是在這個職場裡所需的某項技能只有他會；又或是某項技能雖然有別人會，卻遠遠不如他，也會造就了他目空一切的姿態。

三、老鳥仗著與主管有交情

許多老鳥仗著和現任主管有交情，可能當初是同梯次的或共事多年，就算主管位高權重，也多少會給「老同事」一點面子，因此也造成老鳥在開會時出言頂撞，或在主管轉達公司的政策時指指點點，用否定的態度，表現自己的高人一等。

假如在你的部門裡出現上述三種狀況，該如何解決呢？請記得什麼樣的症狀，就必須給予對應的藥方。這裡提供「對症下藥」的三種解法：

一、當老鳥仗著自己資深↓場面上給予極度尊重

正因為這些老鳥覺得自己很資深，就必須了解資深的同仁究竟在乎什麼？其實

大多數的老鳥都是「有資歷卻非主管」的人，沒能擔任主管有兩種可能，你不妨想想，這兩種人會有什麼樣的特質？

1. **升不上去**：不受上面肯定，長久以來升不上去，內心難免有抱怨和不滿。
2. **不願意升上去**：有機會升遷，但自己卻放棄，內心難免有卸責和不擔當。

絕大多數「仗著自己很資深」的老鳥都是來自於「升不上去」的族群，也因為一直升不上去，又不願意被別人看扁，他們最需要的就是「尊重和面子」。那些對於主管指令的抗拒，或是對公司政策的指指點點，都來自於他們驕傲的自尊心，以及放不下的面子問題，希望維持自己「其實我比你懂」的顏面。

所以，想要引導這些資深老鳥配合，最漂亮的做法就是「把面子做給老鳥」。

二、當老鳥仗著自己無可取代↓以老鳥為師，請同仁向他學習

假如在工作上，老鳥真的有不可替代性，那麼就表示老鳥的確有別人沒有的專長，站在公司的立場上，當然是必須讓擁有這些專長的同仁愈多愈好。此時主管可以有兩個做法：

1. 若可增加員額，讓多名同仁共同學習專長

在公司人力員額允許的情況下，主管不妨增加可以學習該專長的同仁，讓更多人來學習老鳥的專長，藉此找出適合的接班人，避免日後專業失傳的機會發生。

2. 若無法增加員額，讓老鳥以專家身分分享專長

主管可以先找老鳥討論，借助他的專長，請老鳥以「業師」的身分分享專業知識。分享後可以舉辦類似的專業競賽，由主管和老鳥擔任評審，在競賽前由老鳥協助指導，增加老鳥的優越感，也減少老鳥藏私的機會。

三、當老鳥仗著與主管有交情→運用私下場合建立共識

當老鳥仗著與主管有交情，造成部門運作上的困擾。此時，主管心裡難免會想，尊重老同事不是不行，但如果自己表現得太柔弱，又擔心被其他同仁看不起，而且該指正時又不指正，也會讓其他的同仁覺得不公平。

以管理權責來說，主管當然可以指正老鳥，只是前面說過，老鳥最在乎的就是「面子」問題，所以很可能會因為被當眾指責，導致他繼續在工作中和主管槓上。

所以，此時最聰明的做法就是，找個私下場合和老鳥聊聊，主管可以做兩件事：

1. **先向老鳥請教對某些政策的看法**

許多老鳥都希望表達意見，在私下場合，主管可以和老鳥聊聊，讓他先有發洩的機會和空間，順便了解老鳥對某些政策的觀點。在正式的辦公室場合中，也可以適度地運用這些觀點幫老鳥做面子。

2. **在私下和老鳥建立公開互動的共識**

主管不妨和老鳥交心，表明自己知道老鳥的想法，在工作上能幫上忙一定會幫忙，也要請老鳥幫自己的忙，因為有太多地方必須借重對方的長才，在私下彼此是好兄弟（或好姐妹），可是在公開場合，由於現在的同仁都不好帶領，要拜託老鳥能夠建立好榜樣。

在與老鳥互動時，主管一定要強調自己需要老鳥的「絕對支持」，也請老鳥在工作上給自己一個面子（但是在私底下一定會尊重老鳥……），兩個人可以同心，才能夠讓團隊前進得更加順暢。

在跨世代團隊中，老鳥的確是許多主管心中的困擾，除了面對困擾，聰明的主管更要學會「化阻力為助力」，才能把時間花在解決其他的問題上。

3 招讓老鳥對你推心置腹

1. 當老鳥仗著自己資深
   →場面上給予極度尊重
2. 當老鳥仗著自己無可取代
   →以老鳥為師，請同仁向他學習
3. 當老鳥仗著與主管有交情
   →運用私下場合建立共識

團隊管理的盲點與痛點5

19 對業績不痛不癢？運用「追擊管理」有效達標

中處長實在快抓狂了，面對還落後一大截的達成率，同仁們竟然還一副無所謂的樣子！雖然在部門會議上他已經盡量控制自己了，也把業績做不好的同仁找來，請這些同仁分析做不到的原因，希望能藉此產生壓力，讓他們盡快趕上業績要求。

中處長覺得自己的情緒控制得不錯，就算壓力山大，還是要留面子給同仁。於是在會議最後做結論時，他是這麼宣布的：「我知道各位同仁辛苦了，也相信大家了解達成業績目標的重要性，這邊我就不多說，相信大家懂我的意思，請大家繼續加油。」

中處長認為自己已經很給大家尊嚴了，也相信大家會懂的。結果會議結束了，同仁一哄而散，離開會議室的時候三三兩兩，有說有笑，彷彿剛剛開會時要求的內容，從來就沒有出現過壓力一樣。

為什麼主管言簡意賅、點到為止，對現在的跨世代團隊毫無作用？

這就要從「歷史」的角度來說了。自古以來，君王統御之術常希望塑造「天威難測」的距離感，對臣下往往採用「言簡意賅」的訓示，希望以三言兩語「點到為止」，至於臣子們是否有慧根？就得看個人的領悟和造化了。

至於，臣子們「領悟天恩」的聰慧程度，以及能否立即體會君上的用心和背後的含意，也決定了自己被拔擢的機會和順序。

新世代不習慣「舉一反三」

對很多人來說，體察上意是真正的「為官之道」，而許多主管受到傳統歷史淵源的影響，也衍生了出這樣的習慣，例如老一輩的父母通常話不多說（尤其是父親），要由小孩自行去猜測父母真正的想法，父母如果沒有說的，小孩也不敢多問，免得又是挨一頓痛打。

相反地，現在年輕人從小接受備受父母尊重的教育，他們也習慣聽取父母「完整的報告」，因為基於尊重孩子，父母會完整地將事情的來龍去脈都交代給子女，再交由孩子自行做出最終決定。因此，老一輩從小就學會的那種「以下揣上」的能力（碰到主管講不清楚的，就自己設法拼湊出完整答案），對於從小習慣聽取完整想法的年輕人來說，卻是非常欠缺的。

所以許多主管在下指令的時候，很習慣「言簡意賅」，卻發現年輕同仁根本沒有「舉一反三」的聯想力，最後反而造成「**我以為你懂**」，或是「**為什麼你不懂卻又不說**」的管理盲點，拖垮了整個團隊的運作效率。

對缺乏「舉一反三」習慣的新世代來說，他們最需要的是主管「完整表達」再加上「有效激勵」，所以主管在對全體或部份同仁說話前，要做好以下四個準備：

當同仁聽不懂工作指令，主管要避免的 5 句話

1. 怎麼連這個都想不到？
2. 這麼簡單，你們不會聯想嗎？
3. 為什麼這個還需要人家講？
4. 舉一反三都不會，你們的頭腦是來幹嘛的？
5. 主管沒講，就要自己去想啊！

1. 寫下想說內容（大綱）。
2. 排出重點順序。
3. 節錄重點金句。
4. 講完要有效果。

其中第四點「講完要有效果」，尤其重要。有的主管為了維持形象或高度，刻意表現出寬容及豁達大度，對於達成率不高的事項，往往就只是追問一下，「點到為止」就告一段落，結果會發現根本就「點不進去」，年輕同仁不懂也不敢發問。

「點到為止」的做法，表面上是相信同仁能夠自行完成目標，主管不多加追問也是保全同仁顏面，但實際上這卻有可能是「陷同仁於不義」！為什麼這麼說呢？

因為**沒有問出真正原因的討論**，**是毫無意義的**，同仁只知道應該繼續進行，卻不知道應該如何繼續進行。

完整表達 & 有效激勵

1. 寫下想說內容（大綱）
2. 排出重點順序
3. 節錄重點金句
4. 講完要有效果

有效而好用的「追擊管理」

在團隊管理上，每一位同仁們都有該達成的任務目標，在討論目標達成率時，為了能夠讓同仁完整了解該達成的工作進度，還有他們內心的想法，主管一定要進行跟催提問，才能更進一步了解同仁需要協助的事項，以及值得表揚的事情。所以說，「追擊管理」可以說是目標管理的重要技巧。

實行「追擊管理」，有三個重點：

一、請同仁「完整說明」達成／未達成的原因

在同仁說明目標的達成過程中，必須包含「達成」原因和「未達成」原因。同仁達成的優異表現，不妨提出來讓大家共同學習；未達成原因也請同仁說出來，看看有哪些需要幫忙。

二、將「未達成原因」分成事實／藉口

未達成原因，可以分成「事實」和「藉口」。

「事實」屬於客觀不能，指的是因為客觀因素而無法達成的原因，例如天災、疫情、通膨、結構性問題；「藉口」屬於主觀不能，指的是可歸屬於個人以至於無法達成的原因，例如找不到客戶、客戶不接電話、請對方回電卻沒有應答……實行「追擊管理」的目的，就是主管務必在會議上追問到底，讓同仁把所有的困難和隱瞞都說出來，才能夠帶領同仁「**面對事實**」並且「**解決藉口**」。

三、排除藉口，請同仁提出具體做法，並明定完成時間

許多主管在會議中，習慣問完同仁未達成的原因之後，就勉勵同仁「加油，好好去做」，這就犯了前面所說「點到為止」的寬容性錯誤。

英明的主管不但要追問，而且要追問到底！並且在同仁提出具體的做法後，要給予明確的指示，寧可事先規範同仁不該做的，千萬不要等到做錯才事後追究，既浪費公司的成本，又傷害彼此的信任。

馬上練習　追擊管理技巧

實行步驟	具體目標 & 注意事項
STEP1	
請同仁完整說明 達成／未達成的原因	• **達成優異表現**：提出來讓大家可以共同學習 • **未達成原因**：也請同仁說出來，看看有哪些需要幫忙
STEP2	
將「未達成原因」 分成事實／藉口	• **事實／客觀不能**：因客觀因素而無法達成，例如天災、疫情、通膨 • **藉口／主觀不能**：因可歸屬於個人的原因，例如找不到客戶、客戶不接電話、請對方回電卻沒有應答……
STEP3	
追問到底！ 在同仁提出具體做法後，給予明確指示	• 在會議上追問到底，讓同仁把困難和隱瞞都說出來，帶領團隊面對事實，解決藉口。 • 寧可事先規範不該做的，而不要等到做錯才事後追究，既浪費公司成本，又傷害彼此信任。

團隊管理的盲點與痛點6

20 被客訴怎麼辦？正確的危機處理三步驟

「老師在忙嗎？方便請教一個緊急狀況嗎？」晚餐時刻，急促的鈴聲乍然響起，電話那端是教育機構的CEO，聲音有點焦慮。

「沒關係，請說。」我放下了手中的餐點，走到書房。

「老師，是這樣的，今天下午我們舉辦了一場三小時的演講，總共請了五位講者，預計每位講者各分享三十分鐘，其中包括知名的H先生。」CEO解釋。

「不錯啊，H先生知名度超高，有他在，應該整場活動相當順利吧。」我答。

電話那端沒有絲毫喜悅，反而聽到CEO嘆了一口氣。

「唉！大多數人都是衝著H先生來的，現場一千六百位觀眾全部坐滿。H先生也非常敬業，活動兩點開始，他一點半就抵達會場了，可是因為重感冒，他的聲帶嚴重受損，根本無法說話。現場負責的是一位年輕總監，不敢冒險讓 H 先生上場，只好請其他四位講者先頂著，分擔整場活動的演講。」

「原來是這樣，真的太可惜了，現場觀眾應該很失望吧。」我問。

「豈止是很失望，大家在現場都看到 H 先生本人了，但他卻根本沒有上場，觀眾也不知道為什麼。到了活動後半場，觀眾席內甚至傳出退票的雜音，整場活動結束後，我們發現網路留言區的批評聲浪愈來愈高，想請教老師，這樣的危機該怎麼處理？」CEO 接著說。

「等等，H 先生在活動開始前，不就知道自己無法上台演講了嗎？為什麼總監或其他的負責同仁在現場沒有任何表示？」我打插問。

「對啊，因為我人不在現場，目前資訊還在蒐集中，可是現在火已經燒起來了，我知道老師對危機管理很有一套，能不能先告訴我們，接下來該怎麼辦？」CEO 急著想知道答案。

危機處理的第一要務就是：這麼多點，判斷哪個點才是「致命」的危機？

判斷哪一點是致命危機

首先，以「客戶權益」來看，出席的觀眾最不滿的就是，如果H先生真的因為身體因素而無法上台，主辦單位可以立即做出補救措施，卻完全沒有動作。最不應該的是，主辦單位明明知道有狀況發生了，但是從頭到尾當作沒這件事，造成觀眾強烈的不舒服，覺得自身權益受到重大的傷害。

當觀眾認為自身權益遭受影響，而主辦單位卻沒有針對這樣的危機做立即性的處理，而是企圖輕輕帶過，期待船過水無痕，甚至覺得「事情就是發生了，我也不願意呀」！那麼可以預料的是，未來公司舉辦的活動，觀眾將不再買單進場，甚至只要提到這家企業都可能引發負面議論，因為大家認為這家公司沒有誠信，這對於「企業聲譽」是最大的傷害。

持平來說，觀眾到場就是為了聽H先生演講，碰上講者真因身體狀況而無法上場，大多數人也不會無理取鬧地要求講者犧牲健康來成就大家，只不過畢竟買票時就是衝著H先生而來，所以無論H先生上場演講與否，都必須明確的讓觀眾知道狀況。不過，許多年輕主管因為經驗不足，在判斷上難免不夠精準，也有可能因為事情鬧得太大，擔心現場的氛圍會一發不可收拾，所以第一時間不敢跳出來，但是企圖掩飾的結果，就是造成更大的危機。

高階主管有義務傳承經驗，並帶著年輕主管了解事情的嚴重性。建立團隊「**先解決問題，再釐清責任**」的危機處理觀念，先為企業受損的對外形象止血，再共同討論善後的方式及補救措施，才能避免同樣的情形發生。以下提供企業危機處理最重要的三個原則：

一、務必第一時間快速且正確的回應

任何的危機處理，從發生的那一刻起，不滿的一方就按下碼錶，看看對方何時會有回應；回應的愈慢，需要填補的不滿就會愈大，所以在第一時間回應很重要，回應的方式有兩種：

1. 以「**公告**」的方式回應，但是內容必須坦白，不能有推卸責任的文字內容，最好包含觀眾能接受的補償方案。
2. 由「**公司高階出面**」，承認當天的錯誤，如果是說明原因，必須針對重點回答，不要扯東扯西，造成客戶更大的反感。最好可以說明接下來公司如何改進，並且提出客戶能接受的補償方案。

這兩種方法可以擇一，也可以看情況的嚴重先後使用。

二、針對客戶在乎的點真誠道歉

企業的商業名譽是立足社會的基石，失去了誠信的公司，也就失去了客戶。很多人以為犯錯之後道歉就行了，其實所有的消費者都是明眼人，如果在道歉過程中，企業根本不知道自己錯在哪裡，甚至不斷用辯解的方式，將責任推到別人身上，只會更加激怒抱怨者。

所以，無論是用「公告」或是「公司高階出面」的方式，在眾怒難犯的前提下，請在道歉時聚焦於兩件事情：

1. 確定是公司的錯時，請表達：（話術一）

「我們的確錯了，向所有客戶道歉，錯就是錯，不做任何辯解。」

2. 當事實待查證，還不確定錯誤歸屬時，請表達：（話術二）

「雖然事實還在查證中，但是讓客戶們有這樣很不好的情緒和感受，也是我們的錯，等到事實和責任釐清後，我們會再次向客戶說明並交代。」

三、提出能讓客戶接受的彌補方案

在一般的爭吵中，假如我打你一下，看到你生氣了，於是我就說，「好嘛，讓你也打我一下」，其實這樣的彌補方式並不會平復你的怒氣。

假如我問：「你要怎麼樣？才不會生氣？」

對方通常會說：「那看你的誠意啊！」

所謂的「誠意」，通常以「**壞一好三**」為原則，意思是，做了一件壞事，必須要三件好事才能彌補，對方才會覺得消氣。以上述事件來看，可參考的方案如下：

參加演講的觀眾，根據當天門票可享有以下權益——

1. 下次H先生在相同場地的演講，可以免費入場（甚至不只一次）。
2. 未來H先生舉辦非演講性質的公開活動，可免費參加，由企業負責買單。
3. 和H先生合作的相關商品，一律享有貴賓折扣。
4. 免費參加H先生的粉絲見面會，近距離追星。
5. 開放演講後一小時，能和H先生合照的機會。

6. 當天以團體名義參加者，可以用團體身分邀請H先生至單位參訪。

以上六點只是假設，企業並不是真的要這樣規劃，應該視情況決定是否讓消費者全部享有，或者從其中複選兩三項。在實務上，有的公司會覺得「為什麼要補償這麼多」，其實這就是老闆的智慧了，如果是以「企業聲譽」為前提，以上六項補償方案搞不好還不夠呢。

危機處理最需要把握的原則是：

所有的企業都希望永續經營，在處理危機的過程中，如果希望補償方案讓客戶滿意，**絕對不能只有「一比一」為停損，一定要以「超越客戶的期待」為原則**，才會有真正產生補償的效果。

危機處理 3 步驟

STEP1：務必第一時間快速且正確的回應
STEP2：針對客戶在乎的點真誠道歉
STEP3：提出能讓客戶接受的彌補方案

PART

3 新世代的面試／報到／培育新思維

面試篇1

21 「非典型工作」正在和你搶人才

「河泉老師好久不見，現在的新人真難找，少子化真的害得我們好慘啊！」剛進入企業教室，黃副總一看到我劈頭就發牢騷，說完又加了一句：「同業搶人也搶得很兇啊！」

「副總說對了一半，少子化和同業搶人的確是個問題，但是最大的原因可能不是這兩個。」聽見我的回答，黃副總一臉狐疑。

「副總有聽過『非典型工作』嗎？」我停頓了一下說。

「蛤，那是什麼？」副總疑惑地問。

什麼是非典型工作？相較於「典型工作」，**非典型工作就是不用進入一般傳統**

的公司或商號，無須依賴雇主，只靠自己就可以獲得報酬的方法。早期有人稱他們為「SOHO族」（Small Office Home Office），或是「自由工作者」、「一人工作室」。這群人的數量原本不多，可是有賴於網路科技的興起、多元商業的發展、年輕世代觀念改變，使得這群人的比重愈來愈高。

新世代為何投入「非典型工作」？

一、想做「自己覺得快樂」的事情

年輕世代來自於沒有拘束的環境，從小活就在高度尊重的家庭中，無論想做什麼，幾乎都被大人高度地允許，久而久之，養成優先以自己的方式過日子的習慣。

年輕人不願意每天被呼來喚去，像個「社畜」一樣，或是穿著同樣的制服，在毫無辨識度下的辦公室內工作。相對地，他們認為跟要求繁雜、規矩一堆的公司相比，還不如選擇打開電腦、架好麥克風和鏡頭，做起一位YouTuber，在影片中可以講述自己喜歡的主題，而且無論是說學逗唱，只要自己開心就好！

更重要的是，當一位YouTuber不僅可以「做自己」，如果影片的點擊率高，還能有不少收入，也許自己也可能變成下一個老高？

而且與其因為上班遲到，一下子被罰錢，一下子被主管酸，還不如每天睡到自然醒，起床後再去跑宅配或外送，或者接案做簡報PTT、剪輯影片、翻譯，時間自由得多，自己的心情也快樂得多。

如果擁有美容、美甲等技能，與其去美容院上班，受雇於人還要被扣東扣西，還不如運用自家或租個小地方，再上網登廣告，就可以在家裡做美甲、美睫、按摩等服務，看著客人開心，自己也跟著開心。

二、不喜歡只做單調的工作項目

年輕世代從小接觸各項科技，身旁充斥著聲光色彩的學習，很多知識還沒有學完全，就出現了更多元的新事物，很難培養對固定事物擁有專注度。在這樣的趨勢下，進入公司每天都做一樣的事情，還要被老闆或前輩說自己沒有禮貌，傻子才在那樣的職場裡消耗生命呢！

於是，原本就喜歡玩遊戲的，乾脆去應徵遊戲直播主，介紹遊戲的同時，還能賺到不少於正常工作的收入；原本就喜歡交朋友和面對人群的，不如去應徵展場

showgirl 或主持人，每場都可以面對不同的展場主題，而且看著粉絲們的簇擁更有成就感。

三、不擅長等待和忍耐，有表現就該立即被肯定

自古以來每一項專業的出現，都值得人耗盡一生全力學習，專業養成沒有個三、五年無法擁有一定的火候。如今因為科技快速彌補，許多專業可以速成，年輕人不需要「站在戲棚下很久」才能成氣候，養成他們快速追逐各項新技能的習慣。

他們對獎酬的想法也是這樣，與其在公司上班一個月才能領一次薪水，還有一些看得到、領不到的獎金，根本不符合現實的生活開銷，倒不如找一些快速收穫、容易領到的薪水。

例如，自己本來就很喜歡網購，那乾脆就做團購主（團爸、團媽），開團也不困難，如果商品找對了，湊到一團也不困難，這麼一來不但自己買東西便宜，還可以有喜出望外的一筆收入，即使利潤不見得有多高，但是總比去公司上班，整天看那些「老人」的臉色來得好。

四、不喜歡有位階的組織，也不喜歡看上位者臉色

因為從小在家庭地位的高度，年輕人習慣了和大人們平起平坐，進入學校求學後，高等教育強調「學生自主」，也讓這群年輕人對自己更有自信。待他們進入社會後也希望被尊重，即使在公司任職，也不能接受老闆和主管以打壓和不公平的方式要求自己，對於企業的繁文縟節和制度更是感到不習慣。

因此，和全球企業搶人的對手，並不是同業，而是這些符合新世代需求的「非典型工作」。無論是哪一種科系畢業的人，未來都可能會選擇「自己更喜歡」的工作，而不是「自己更擅長」的工作。

事實上，對於新世代來說，**「非典型工作」的影響已逐漸凌駕在「典型職場」之上**，可惜當前有感的企業還不多。但在這裡容我大膽預言，全球企業請面對這個事實——提防你的同業搶人，並不會降低找不到人才的風險！

企業真正該做的，是凸顯在組織內工作的優勢，才能留得住新世代。

22

面試篇2

面試時，請別再進行集體訓練

「河泉老師，非常感謝您今天的教導，下個月我們會進行新人的集體訓練，到時候也拜託老師多幫忙了。」一整天的主管訓練終於告一段落，看到課程滿意度的分數，全程參與的人資副總起身走到我旁邊說。

「副總您真的確定新進同仁要安排在一起上課嗎？」原本期待我欣然點頭的副總，聽到我這麼問，讓他嚇了一跳

「當然啊，新人一起上課可以減少訓練成本，又能同時公告公司重要事項，為什麼不呢？」副總回答。

「那副總，你知道目前年輕人離職，常會呼朋引伴嗎？」我回答。

「這我知道，我看過您寫〈年輕人粽子式離職〉的那篇文章。」果然是鐵粉。

「感謝副總支持。那如果我告訴您，年輕人粽子式離職，有一部份跟集體訓練有關，副總相信嗎？」我回答，然後看著副總愣住的表情，雖然冒著可能少一份收入的風險，但是該講的還是要講。

傳統「集體訓練」的盲點

近幾年，我在課程中不斷呼籲，當新人報到時，除非企業改變過去的訓練方式，否則千萬不要在一起集體訓練，這樣的說法引起許多企業主管的詫異。原因很簡單，因為大多數主管都沒有注意到，傳統的集體訓練有兩大盲點：

一、同梯次的人容易產生革命情感

所有被錄取的新人，在進公司的初期，正是情感脆弱的時候，對於同梯次的同學，自然會擁有強大的革命情感。過去，這一群具有革命情感的新人結業後，就是互道離別、珍重再見，然後各自奮戰，但現在的情況完全不一樣。

說句讓主管們可能會嚇一跳的話，就是當這些同梯互道珍重，分發到各部門的時候，就是「革命種子」灑向大地的時候了。

二、新人在群組每天交流、互相比較

因為過去老一輩分發後大多用電話聯繫，久久才見面聚會一次；但現在社群軟體發達，雙方在新人訓練時就互加好友，等到正式分發之後，當然也不會浪費難得的友誼，很自然地就成立了群組，「每天交流、互相比較」。

新人們都在交流些什麼呢？如果是工作上的正面互動當然最好，但是根據我的觀察，更多的狀況是新人每天都在群組中比較各部門主管的帶領風格，或是各部門文化的好壞。例如，看到別人說可以準時下班，就很容易感覺到自己的部門工作繁重；看到別人分享主管和藹可親，也會覺得自己的主管很「機車」。事實是：

分享正面訊息的年輕同仁不少，可惜大吐苦水，希望討拍的更多。

如果負面的想法傳播，遠遠超過正面的想法互動，勢必會造成新進同仁的工作意願下降，共同攜手離去的情況上升，將成為企業發展的重大負擔。所以近十年來，只要有企業問我如何進行新人訓練，我都會強烈建議，請務必加上一堂課——**新人應有的定位和態度**。

「新訓」三要素

過去的新人，入職就像一張白紙，剛開始公司安排什麼，他們就接受什麼。現在的新人，剛進公司時就有許多自己的想法，所以安排「新訓」時務必要先做一件事——幫助他們定下心來，接受後續的課程。好的新訓要素如下：

一、訓練頭兩天，建立公司期待的正面態度

我發現，在新人進入公司時，一開始就先建立「定位和態度」，會讓新人比較容易接受公司的安排和期許，也比較不會讓自己預設的立場和想法「亂竄」，讓負面情緒影響其他新人。

特別強調，建立「定位和態度」，絕對不是洗腦，而是讓年輕人在剛進公司時，想一想「自己要什麼」，然後引導他們進一步思考：

在未來工作裡所得到的東西，能不能符合你自己所要的？

即使有些年輕人在想過後，覺得自己要離開公司，那也沒關係。重要的是，讓更多聽完之後願意定位自我、肯定公司的同仁，能夠認同並接受公司的安排。

二、幫新人分組，派任輔導員或是學長姐協助並觀察

輔導員和學長姐，請協助完成下面事項：

1. 在報告訓練的最初幾天，給予高度關懷。
2. 在每堂課結束或每天課訓練結束時，花半小時聊聊大家今天的收穫。
3. 找時間分享學長姐當初進公司時，辛苦的心路歷程和如何度過。
4. 打入新人群組，觀察新人事後的聯繫狀況，維持正面效應。

三、新訓第一天，由公司成立群組，讓大家習慣「正面分享」

為營造正面的工作氛圍，可在訓練第一天，就請學長姐協助成立群組，並且邀請大家加入。成立群組後，學長姐可以在裡面帶頭發言，練習討論每堂課程的正面

效益，也可以讓大家抒發心情。但請記得，新人願意抒發正面想法是最好，萬一有抱怨，學長姐也不要在群組中指責，可以用私下碰面的方式去了解、輔導，如果新人的抱怨有助於整個組織調整，企業也要有雅量從善如流。

最後，要提醒企業的是，新進同仁在群組內抱怨部門或公司，其實都可以正面的看待，千萬不要在第一時間就壓制或封鎖。

畢竟同仁的想法可能是出於誤會，或許也有其道理，對於長久習慣某種做法的公司而言，有新世代願意跳出來告知，無論是老闆或是主管，都應該用更正面的方式來看待，才能讓雙方走得更遠。

集體新訓的盲點和解方

盲點：同梯易有革命情感，在群組中每天交流、互相比較

解方：

1. 訓練頭兩天，建立公司期待的正面態度
2. 幫新人分組，派任輔導員或學長姐觀察
3. 第一天由公司成立群組，習慣「正面分享」

面試篇3

23 新世代面試官該修正的四大思維

「為什麼現在的求職者，面試時都問不到重點？而且面試完，說要來上班也不見得真的會來？」許多負責面試的企業高階主管都這麼跟我抱怨。

「新世代的求職思維早已完全不同了，整個面試制度都需要改善，而且最大的問題可能是在面試官的身上。」聽到我的回答，主管們一臉不可置信。

其實，現在求職者想的早就和面試官不一樣。過去僧多粥少，求職者眾，所以接到公司的面試通知都會欣喜若狂；參加面試前，為了增加自己被錄取的機會，過去的求職者都會先做下列準備：

1. 設法先了解企業的背景。
2. 準備面試官可能會問的題目？

3. 知道公司職務需要具備哪些才能？
4. 練習好口條和表達，反覆演練。
5. 如何表現出最佳狀態，增加錄取的機會？

然而，現在的環境背景早已不同，社會經濟的普遍上升、家庭環境的無虞、少子化的出現，自我意識的上升，都在在提供年輕人一個「可以不用做不喜歡的事」的就業環境，如果是不喜歡的工作，那就不要勉強自己。

也因此現代的求職者，大多數思考的是：

1. 這家公司值得去面試嗎？
2. 看起來很普通，又不是業界龍頭，幹嘛要去？
3. 這個工作看起來不太像我想要的，算了吧。
4. 感覺上交通距離有點遠，可能要早起，先不要好了。
5. 先搜尋看看，討論區有沒有公司的負面訊息？

經由這樣的分析對照，擔任面試官的主管們應該很清楚，為什麼現在求職者的報到意願會大幅降低了吧？

工作認知，兩代大不同

老一輩和新一代對於工作的認知，有兩個很大的不同點，就是「工作目的」和「工作動機」。老一輩的工作目的是為了養家餬口，什麼工作都會去面試，而且不敢遲到；新一代的工作目的是實現自我，自己內心有一大堆的評量標準，工作環境和內容不合格就篩掉。

過去求職者想的是……

1. 設法先了解企業背景
2. 準備面試官可能會問的題目
3. 知道職務需要具備哪些才能
4. 練習好口條和表達，反覆演練
5. 表現最佳狀態，增加錄取機會

現在求職者想的是……

1. 這家公司值得去面試嗎
2. 又不是業界龍頭，幹嘛要去
3. 看起來不像我想要的，算了
4. 交通距離有點遠，先不要好了
5. 先搜尋討論區有沒有負面訊息

在工作動機上，老一輩會優先考量「**我能夠幫公司做什麼**」？新一代會優先考量「**這個公司能夠給我什麼好處**」？

在這樣的狀況下，其實面試官才是最該被教育的人。因為自古以來官大學問大，過去面試官認為，反正「人浮於事」，面試過程不管怎麼問，都能找到不錯的人才。但現在的面試者早已不那麼在乎「面試的公司」和「面試的過程」，面試官也應該要重新調整心態，才能「對症下藥」解決企業缺工的痛點。

面試官要具備的四大思維

一、扮演公司的形象大使

這邊所謂「扮演形象大使」，指的是在面試過程的描述中，讓求職者覺得我們「是家好公司」。不妨想想，假如應徵者看到面試官談吐表達客氣有禮，邏輯思維幽默風趣，通常會認為這就是企業文化，也對公司形象有加分的作用。

這年頭，面試官就是公司的門面，讓求職者對公司產生好的第一印象，但要避免將公司或工作過度美化，以免新人報到後反而更失望，甚至沒做幾天就離開。

二、能引導求職者輕鬆聊天，袒露真實想法

許多面試官沒有被訓練過，總覺得自己有權力隨意發問，這是過時的想法。在面試時，大多數求職者都會「偽裝」，如果面試官想問出他們內心真正的想法，盡量不要用「質詢訊問」的口吻，而是以「輕鬆聊天」的態度，在合法的前提下，讓應徵者內心舒服，才會回答出更多真實的想法。

三、具備對求職者問題的解惑能力

新世代求職者，除了在乎進公司後要負責的義務，更加重視的是進入公司的自我權利。面對求職者詢問自己的權利，在實務上有兩種很糟糕的處理方式：

1. 因為缺人，覺得「先把人騙進來再說」，然後畫大餅和過度美化，造成新進同仁一進來發現完全不是那麼一回事，立刻就離職。
2. 當場勃然大怒，認為年輕人不應該只重視權利，應該先想著把事情做好，直接講一頓大道理，甚至出言教訓年輕人。

以上這兩種狀況請千萬避免，前者會造成新進同仁進公司後發現所言不實，後者會讓求職者心生不滿，一旦對外PO文渲染，反而讓社會大眾對公司的誠信和形象提出質疑，造成不可挽回的效果。

所以好的面試官，一定得設法在面試過程中，讓求職者「**問出他想問的權利相關問題**」，並且一一解釋清楚，公司能做得到的就說可以，做不到的也別輕易地承諾，甚至鬼扯。

四、讓求職者離去時留下好感

提醒大家，請不要把來公司的求職者視為「未來員工」，要將他們看作「潛在客戶」。

求職者和面試官的互動會影響對公司的印象分數，一旦面試結束後，就是公司印象分數的對外發散。因為新世代的年輕人，習慣在面試後PO文給外界參考，所以面試過程的好壞，也直接影響了外界對於公司的觀感。最棒的面試過程，是在面試結束後也給求職者一張評分表，請他對整個面試過程進行評分。這種方式在我擔任顧問的企業中，也已經有公司開始實行了。

此外，也建議所有擔任面試官的主管們，都應該進行相關訓練，如果能夠具備上述的四種思維，對外面試才能同時賺到裡子和面子，不但可以找到人才，也能做好企業公關。

面試官要具備的 4 大思維

1. 扮演公司的形象大使，但不要過度美化
2. 能引導求職者輕鬆聊天，袒露真實想法
3. 具備對求職者問題的解惑能力
4. 讓求職者離去時留下好感

面試篇4

24 新世代面試官該激發的兩大認同

到了教室準備上課，老朋友趙副總已在教室裡等候。

通常，副總級主管不會這麼早到，應該是有什麼用意吧？果然寒暄了幾句話，趙副總就直接切入了重點：「河泉老師，最近年輕人的離職率有點傷腦筋啊！」

「副總別太煩惱，每個企業幾乎都是這樣。」我想安慰他一下。

「如果這些年輕人對公司沒有認同感，幹嘛來報到？」趙副總接著問。

「副總先別生氣，現在的年輕人不是沒有認同感，而是公司在年輕人報到後，該怎麼讓他打從內心，真正對公司產生高度認同？」我回答。

「真正打從內心的高度認同？這該怎麼做？」副總的臉愈來愈疑惑了。

許多公司主管和趙副總一樣，認為人都已經進來公司了，怎麼還會存在「對公司不夠認同」的問題？

的確，在過去的時代，「是否認同公司」從來就不是考量點，因為過去的員工只要進入公司就職，就表示對公司的認同。然而現在年輕人的觀點不同，他們會願意進入公司報到，不見得已經認同公司，而是基於以下三個原因：

1. 聽說這家公司不錯，想先進來看看。
2. 不了解這個公司的狀況，想先進來觀察。
3. 目前沒有其他的想法，先找一間公司待著再說。

根據上述說法，可以很清楚的知道新人進來報到，並不代表認同公司。對公司有利的是，既然新人已經來報到了，不管他原本是否認同公司，都可以展開「建立信任感」的過程，設法增加新進同仁對公司的黏著度，降低想離職的意願。

這邊提供兩個不錯的「認同招式」讓主管參考：

1. 讓年輕同仁認同公司的願景。
2. 讓年輕同仁認同老闆或主管的魅力。

接下來我們聊聊做法。

建立新人對公司的認同

一、讓年輕同仁認同公司的願景

所謂的「公司願景」，指的是公司將來希望變成的那個樣子。

很多人認為這是個老掉牙的觀念，其實剛好相反，愈來愈多的年輕世代，不會優先選擇進入有規模的傳統企業，寧願選擇小型的新創公司。

原因就在於，傳統企業只會告訴年輕人「你應徵的職務」、「你的職務該做的事情」，以及「如何把你的事情做好」。進入公司之後，年輕人只見得到ＨＲ和部門小主管，這些人奉命行事，只會畫一個框框，告訴年輕人「記得待在框框內，做好你該做的」，年輕人如果想見到高階主管呢？這些人會告訴你「不要去想這些不可能的事情」。

但是進入小型新創公司就不一樣了，公司會告訴你，我們雖然什麼都沒有，只是剛開始前進，但是「我們有個夢」，未來希望成為什麼樣的獨一無二企業。在組織層級上，年輕人隨時可以直接見到創辦人，甚至公司創辦人也比自己的年紀大不了多少，所以沒什麼架子，雙方一聊就是一個小時，過程中創辦人會講述如何完成公司的夢想和願景，並且告訴年輕人你也是「夢想的推手」之一。

以上兩種狀況，您覺得現在的年輕人會怎麼選擇？當然還是會有人選擇安全牌，只是選擇新創公司的可能更多。

原因很簡單，目前的新世代已經習慣「做自己」和「實現自我」，對於進入企業所做的工作，他們會更想知道自己做這件事情的意義，也就是知道「為何而戰」。而「為何而戰」的具體實現，就是公司明確的告知同仁願景，也就是「**我們想去的那個地方**」，以及「**我們想成為的那個樣子**」。

二、讓年輕同仁認同老闆或主管的魅力

這個世代的年輕人，由於從小得到父母的全面呵護，享受著「主子」般的待遇。進入學校學習的過程中，也得到校方和老師的高度尊重，過去的打罵和威權教育鮮少出現，這也養成了現在年輕人和傳統上位者「平起平坐」的習慣。

他們不是沒有倫理觀念，只是將「平起平坐」的習慣帶到職場後，年輕人開始

對主管「尊重卻未必服氣」，因為年輕世代已經不迷信權力了，他們更在乎的是魅力和影響力。知道上述的背景，無論是傳統企業或是新創公司的老闆、主管，不妨展現「個人魅力」來吸引這些年輕人，或者以「專業實力」來折服這些年輕人。而這有兩種做法：

1. **降低權力，提升影響力**

這世代已經不服從權力了，當主管過度運用它，大多會違反法律，反而讓年輕人掌握更多籌碼。因此，老闆和主管要開始放下身段，學習「帶人帶心」的影響技巧，讓同仁能夠服氣、信任，心甘情願被領導，才是一種個人魅力的展現。

2. **實力是影響力的重要依據**

真正有影響力的老闆或主管，通常是以「有專業實力」作為基礎，和同仁分享公司或部門的理念和願景，通常會聊好幾個小時，但是不會讓人覺得無聊。其實，無論是用說故事或是雙方對談的方式，都能讓同仁感受到一股個人魅力，也讓同仁產生想要追隨共同打天下的心態。

25

面試篇5

事求人時代，面試轉變為客服意識

最近不論去哪個企業上課，許多主管都不約而同地發出求救信號，表明目前公司人員「**想走的留不住、有缺的補不了**」。如果您的企業完全沒有缺人的問題，那麼先恭喜您，這可是百中選一的難得企業。

可是，大多數人才究竟去哪裡了？

缺人才的真正原因不是少子化，而是「非典型職場」崛起（包括網紅、外送、電商等），養成新世代「自我做主」的工作方式，吸走了太多優秀的年輕人。

那麼，應該怎麼辦呢？

誠摯建議企業高階主管的大腦內，必須下載「面試腦 2.0」的 APP。

所謂面試腦 2.0，最重要的觀念升級就是：

別執著尋找最棒的人，

請先找出公司吸引應徵者的最大誘因。

有許多暢銷書和專家告訴我們，面試應該要找對的人，並且提供許多手法和技巧，甚至告訴主管要研究應徵者的肢體觀察和性格分析，才能找出最適配的人格特質，幫公司選出最對的人才。

以上的觀點並非有錯誤，而是有特殊的背景限制：

1. 只適用超大型企業，或應徵者非常想進入的公司，例如「畢業生心目中的十大幸福企業」等。
2. 只適用於「人求事」的時代。

時代變了，現在有許多優秀的應徵者未必投入傳統職場，他們有自己創業的想法，真的只想為自己工作，即使有投入一般公司或團隊認真工作的念頭，都可能在短時間內瞬間轉變。在這種情況下，如果公司還是堅持「找對的人」，可能出現下列循環性的輪迴：

1. 公司為了找對人，先投入大量成本（包含研究人格特質、徵才平台等）。
2. 費盡心思找到這些對的人，但他們也很有想法，未必會來報到。
3. 即使這些人真的來報到，公司無法滿足他們的需求，也未必待得久。

企業面對人力挑戰，需要思考上述這些不斷輪迴的狀況，是不是我們真的所要的？我們公司有多少吸引力和誘因能夠留住這些對的人才？然後，建議把思考重點放在「找出公司能吸引人才的誘因」上，這個誘因不一定是錢。

請相信，即使企業學會找出百分之百對的人，但公司本身並未具備吸引這些人才的因素，人才也會毫不留情地離開。所以，與其不斷責怪現在的年輕人不投入職場工作，企業更應該思考為什麼我們的做法，這麼多年輕人不買單？

事求人時代的觀念升級

另一個面試腦 2.0 的重要觀念升級是：

請把「面試過程」當作「客戶服務」。

我在之前的文章提過，面試官就是公司的形象大使，每一次的面試過程中，都等於在進行公司的「國民外交」。不論應徵者最後來不來報到，公司的形象都有可能被傳播到每個角落，那麼，主管該如何做好最棒的「公司外交」？

這裡提供一個不錯的做法，就是「把應徵者當作潛在客戶」。主管們請更新大腦，就算你期望自己扮演好面試官，都會情不自禁地出現應徵者不喜歡的那種上位者態度。這時候不如換個想法，面試時把應徵者想像成「有機

面試腦 2.0 的觀念升級

1. 別執著尋找最棒的人，請先找出公司吸引應徵者的最大誘因
2. 請把「面試過程」當作「客戶服務」

會成交的客戶」，那麼保證主管走進會議室時，絕對眉開眼笑、態度良好、禮貌介紹、有問必答。這樣的態度不就正好讓應徵者感受到公司的尊重和專業，以及主管的客氣和體貼嗎？

以往的同仁，可能只是公司心目中的棋子；現在的同仁，卻需要被視為成為公司最有力的伙伴，想要讓人留得住，真正的解方還是在公司高層的腦袋裡。

請面對現實，以前是公司選人才，現在更多的是人才選公司；我們可以對人才品頭論足，人才也可以對公司挑三揀四。

最重要的是，請公司高層要有所認知：

或許我們的公司真的很棒，
但是人才也沒有非來不可的理由。

報到篇1

26 新人最在乎的六個字：食衣住行育樂

上週到某家產業龍頭上「跨世代團隊領導」課程，該公司執行長排開所有會議，非常給力地全程參與一整天的課程。

「河泉老師，為什麼現在新人進來都待不久？都無法穩定投入，他們究竟在想什麼？」休息時間，執行長拉住我苦惱地問。

「執行長問得好，這個問題的答案許多企業都沒有發現，只會執著地不斷灌輸新人『公司想告訴你的』，卻從不曾思考『年輕人進公司想要的』。例如，對於剛進公司的年輕人，不知道公司沒有發現，他們通常最在乎六個字！」我認真回答。

「哪六個字？」執行長問。

「食、衣、住、行、育、樂。」我回答。

「蛤，什麼？」執行長愣住了。

早期老一輩剛進公司就會做好準備，努力將全部所學奉獻在公司上，只怕自己做不好，以公司指示為依歸。秉持的想法是：

老一輩——不要問公司會為我做什麼，要問我能為公司做什麼？

年輕人剛入職持觀望心態

新一代進入公司，當然也有全心投入工作的，然而更多的年輕人秉持著觀望心態，因為他們習慣了「做自己想要的」，保持且戰且走的心態，先看看「這是不是我想要的」？「這些工作跟我想的一不一樣」？在這樣的心態下，新人會優先思考的是：

新一代——不要問我能為公司做什麼，要先問公司能夠給我什麼？

但是，當新人報到時，公司主管只會給一大堆資料，要求他們立刻進入狀態，更多公司是連訓練都沒有，希望新人直接投入戰場，要求年輕人準備這個、準備那個，只想趕快把他們的專業技能培養好，可以早日上線。

但是，卻很少有公司主管會在乎年輕人想要的是什麼，也很少願意先問：**進來公司後，你希望在這邊有什麼成長？什麼是對你有幫助的？**

也因此大多數新人進來的第一週，通常是心情最不穩定的時候，而他們最在乎下面六個字：（往下看的時候請主管先沉澱心情，莫生氣）

食：公司的伙食為什麼這麼難吃？

公司附近怎麼叫不到好喝的手搖飲？

衣：公司對於穿著的要求為什麼這麼多？

制服或配件為什麼這麼難看？（公司如果有制服要求）

住：我家有點遠，想在公司附近租房子都好貴？為什麼沒有配宿舍？

行：到公司的交通也太不方便了吧？

坐 Uber 又好貴，就算自己開車或騎車，停車位也太少了吧？

育：現在學的內容真的對我有用嗎？這真的是我要的嗎？這樣的工作我真的要做一輩子嗎？

樂：為什麼主管看起來那麼嚴肅？辦公室的氣氛也太沉悶了吧？這些人為什麼下班都不離開？

如果剛進公司的年輕人都在思考上面的六個字，當然很難一進入公司就立刻投入。那麼，有什麼技巧增加新人的定著率，讓他們更快融入工作？

四步驟，讓新人快速融入

一、先了解新人的期望和價值觀

主管一定要設法，無論是在面試或是報到的第一週，除了工作的基本內容外，一定要設法挪出時間，跟新人聊聊背景和價值觀（當然要在合法的情況下）。我們不能窺探同仁的隱私，但是主管必須具備讓同仁舒服的聊天技巧，在沒有不舒服的狀況下，讓同仁願意說出和工作技能相關的期待和價值觀。

這樣在同仁進來後，無論做什麼樣的工作內容，主管想要帶動同仁的時候，盡量以**「同仁的期待」來取代「公司的要求」，會讓年輕人更心甘情願地執行。**

二、簡單介紹部門概況和文化

為了讓年輕人進公司後可以快速融入，最好能夠在面試或是報到的時候，除了介紹工作的內容（建議輕鬆的和困難的都要提到，避免新人進來覺得被騙），更重要的是，主管最好在面試時能夠描述一下部門狀況，「在報到後」正式開始工作之前，也介紹一下現有同仁的個性和主管的期許。

如果主管希望營造部門文化，最好先建立讓大家都接受的遊戲規則，此時也可以讓新人先知悉，才不會在融入過程中，因為水土不服就想離開。

這邊特別提醒主管，一定要先講，千萬不要只讓新人自己適應，前面已經說過同仁在初期可能會有不穩定的狀況，如果不讓新人有心理準備，一旦離開或造成衝突，主管只會讓自己後面的工作更痛苦。

三、邀請前輩協助輔導

新人進入企業很容易夭折，多是因為辦公室「原有的政治生態」，主管應該要了解這個情形，告知現有同仁，請大家以前輩的身分，協助新人快速融入。說明的過程中，除了告知新人的背景，主管也要說出自己的期許，讓大家有個心理準備。

辦公室的「政治氛圍」常來自方向不明的內部角力，主管若能先說清楚，原有的前輩和同仁會比較願意配合，至少不會直接扯後腿。

四、觀察新人融入情況

做完上述步驟，新人報到後，請觀察兩件事：

1. 新人適應情形，協助消弭不穩定的心情。
2. 前輩協助過程，同仁對新人的正負面影響。

幫助新人融入的 4 步驟

STEP1：先了解新人的期望和價值觀
STEP2：簡單介紹部門概況和文化
STEP3：邀請前輩協助輔導
STEP4：觀察新人融入情況

管人和管事不同，前面不花時間，後面就一定會花時間。所以奉勸主管們，選進人才後，別急著培育運用，因為新人沒穩定前，一切都是空談。

更何況現在新人養成不易，主管一定要在前面「先花時間」，才能夠避免後面陷入不斷找人的惡性循環。

請記得，**如果前面不願意先花時間，後面就會無窮盡地花時間。**

以「同仁的期待」來取代「公司的要求」，會讓年輕人更心甘情願地執行。

報到篇2

27 為什麼才來就想走？注意黃金七十二小時

「河泉老師，最近我的部門補了年輕同仁，先找前輩帶他熟悉工作，大約一週後，評估同仁應該可以上手，所以開始加新的工作。沒想到新同仁卻突然說壓力太大，覺得做不來要離職……」最近到企業上課，發現許多主管開始遭遇「帶領新進同仁的困難」，都問了我類似的問題。

如果各位也有同感，問題出在哪裡？

千萬不要覺得上述過程看起來很ＯＫ，提醒大家注意最重要的兩個關鍵句：

「先找前輩帶他熟悉工作」

「評估同仁應該可以上手」

以往傳統的做法是，新人進來時，就會找個前輩帶領他熟悉相關的環境及工作內容。至於是找哪一個前輩，以往認為這不是重點，反正只要有經驗的同仁，手上有些空檔能夠抽出來帶新人就好，反正無論哪一個前輩進行指導，新人都會乖乖聽話全力配合，過去都不會有太大問題。

入職第一週時，公司總會有些簡單的訓練，把一些基本的環境和規定做個布達，讓新人知道老闆的想法，反正工作並不複雜，而且每個人都是這樣過來的。

等進入公司一段時間，大概知道工作的內容，新人就可以準備上手，至於過程中有多大問題並不重要，反正「邊做邊學、邊做邊問」就可以了，而且所有的主管都是很開明的，隨時都可以發問。

然而，就在主管覺得新人來了一週，應該可以上手的時候，卻可能發生令你想不到的變化：例如工作的不適應、指導的不夠深入；同仁相處的氛圍、主管說話的語氣、整個公司給他的感受……以上都是新人決定「要不要做下去」的主要原因。

三解法不陷入招募輪迴

基於以上所述，新人進來公司的第一週，我把它稱為報到的「黃金七十二小時」（以含通勤一天投入工作約十小時計算），在這一週內新進公司的員工，不停地在拿他們心中的一把尺，評估公司所有的狀況，所以這一週也是「穩定新人心」最重要的時候。所以主管應該做的是：

一、不是只找個前輩，而是找個合適的導師

主管請特別注意這個問題，就是新人進來的時候，不能「任意派任」一位前輩教他就好，必須選出一批「有能力也有意願」的前輩擔任導師。

當然根據公司規模大小，可以決定由直屬主管來帶領，或是另外選一批導師，並且這些導師群要事先經過訓練。

首先，這批前輩必須確認是否有意願，如果沒有意願千萬不要勉強，因為教出來的不會是你要的，反而會在無形之中，不小心給予新人負面的觀念。對於這群擔任導師的前輩來說，有能力固然重要，但是請特別注意「意願必須優先於能力」。

導師挑選出來之後，必須進行初步的訓練，內容包括：

1. 告知新人公司的願景和方向。
2. 練習和新人培養良好平行的互動關係。
3. 讓新人學習工作職務需要的能力。
4. 讓同仁願意說出真實想法的諮商技巧。

上述訓練是培訓導師群最重要的事，因為沒有上述能力的前輩或主管，只是公司的傳聲筒，如果導師無法代引導新人心甘情願接受工作，就會讓新人回到「報到沒多久就想離開」的狀態，所以上述訓練，最好加上成果測試。

當然，必要時也可以授予「導師」的內部證照，給予一定程度的職務加給，才能讓資深同仁願意進行帶領新人的職務。

二、不是由上而下評估，也要觀察新人究竟準備好了沒有

前面說到，過去企業的習慣是大約一週就可以上手，反正「邊做邊問、邊學邊做」，這樣的想法正是犯了上位者「自以為是」的心態。

公司不要疏忽新世代進來的心態、選擇工作的原因，早已經不是過去的「養家活口」，而是現在的「實現自我」。

也因為如此，主管千萬不要再單純地做「**上面自以為是的評估**」，而是要真正尋求「**底下同仁覺得願意繼續奮戰**」的共識，不然企業不斷缺人的狀態絕對不是短暫，類似的頻率將愈來愈高。

三、導師除了工作教導，更要心靈輔導

許多前輩當初進公司時，就是被培養成乖乖聽話的員工，若沒有進行「導師」行前教育，有主管或前輩會很理所當然地認為，當初是怎麼被教導或對待的，現在就照著當年的方式帶他們就好：

培育企業內部導師

前提：有能力也有意願，意願必須優先於能力

訓練：

1. 告知新人公司的願景和方向
2. 練習和新人培養良好平行的互動關係
3. 讓新人學習工作職務需要的能力
4. 讓同仁願意說出真實想法的諮商技巧

任務：在黃金 72 小時內除了工作教導，也要進行心靈輔導

幹嘛對這群年輕人這麼好？我們不都是這樣過來的嗎？

經過訓練的導師才能夠在每天的工作當中，除了「技術上的教導」，也同步進行「心靈上的輔導」，協助新人度過這段心裡不安的適應期，順利在「黃金七十二小時」之後堅定自己留任的意願和心情，減少公司人力招募的成本。

主管們要了解新世代的觀念，現在的年輕人進來公司的初期，很難乖乖地主動熟悉這個工作的所有狀況，更多年輕人是在評估這個工作是不是自己想要的。如果沒有上述的體認，進行企業內部「導師」的培育，很可能會陷入新人不斷離開的招募輪迴，這也是許多企業還沒有想通的事情。

28 報到篇3 幫助新人學習快速到位的四大技巧

鄭主任覺得有點疑惑，他聽到許多高階主管的朋友告訴他，現在的年輕世代很難搞，但他的部門則剛好相反。

最近進來的一批年輕人，雖然都不是頂尖學校畢業，但是反而單純，想法也不那麼浮動，學習態度還不錯，只是進來半年多了，專業程度卻沒有太多起色。其中一位年輕人Jimmy剛剛來找他，很認真地請教主任：「知道自己還有很多不足，但是該怎麼做才能讓自己變得更好？」

這時換鄭主任愣住了，因為在他們那個年代，就是苦學肯做，不求回報，隨著時間累積經驗，自然磨練出一身功夫，現在要他提供幾個方法和技巧，他真的說不太上來。

為什麼第一線主管說不出如何快速學習到位的私人祕技？

職場年輕人經驗不足，本來就是正常的事情，只是過去沒有經驗的年輕人相對聽話，配合度又高，主管叫他往東向西都不敢違背或有意見。

另一方面，這種逐漸累積的「經驗法則」所到達的境界，其實很難明文條列地說出來，只要年輕人願意「一步一腳印」，主管自然會慢慢指導。許多好不容易爬到這個地位的主管，也就會有「媳婦熬成婆」的心態，很自然地用當年主管的方法教育自己的部下。

只是主管自己年輕時，上面的講一個做法就學一個做法，即使有疑惑也不敢追問，但如今自主意識上升，新世代主管對新人的教導必須從「想到就說」，變成整理「實際能幫上他們的技巧」，才能夠讓年輕同仁更願意追隨。其實，同仁們願意問技巧是一件很難得的事情，要先肯定和鼓勵他們。

提供「自我訓練」的技巧

過去「一步一腳印」累績經驗法則的做法，對年輕人未必公平。

許多年輕人其實想要做好，也知道以自己目前的經驗還無法做到很好。對於這類「有心上進，卻限於經驗」的年輕人，請主管不要以先入為主的「時間累積」，來抹煞他們的努力，不妨提供他們一些在手邊工作之外「自我訓練」的技巧：

一、觀察部門表現好的前輩或同事

「師傅領進門，修行在個人」，這道理現在仍然適用，**新世代別認為主管有「把我教到好的義務」**，對於不會的東西，如果別人還沒教，自己也要設法學到。前輩或同事都是非常好的觀察對象，觀察那些常常被主管「稱讚」或「指正」的同事，偷偷判斷一下問題可能出在哪裡。

當同仁詢問工作技巧，主管回覆的 5 大地雷

此時主管要避免說：

1. 別問這麼多，一步一步來就好
2. 我不知道有哪些技巧，我都是自己想辦法
3. 自己做久了就知道，現在別急
4. 吃著碗裡不要看著鍋裡，別貪心
5. 這種事情沒有什麼方法，做熟了就好

如果可以，私下去請教那些常常被稱讚的人，並且最好能問出「對方被稱讚的要訣」，就能加速前進。

二、啟動跟主管聊聊的意願，找出自己缺乏的成功元素

不管你喜不喜歡，主管都是最直接觀察你的人，他也是你職場的貴人或阻礙，至於是貴人還是阻礙？最大的問題在於，你的表現給他的感覺。

如果可以，新世代請別帶著情緒，而是很有禮貌地請教主管，自己表現不好的地方在哪裡？只要你真的夠謙虛，主管願意坦承回答的機會相當大，許多時候也因為這樣的請教，反而化解了你們之前的情結。

萬一詢問後，得到的是主管的指責或是不舒服的內容，請先聽進去，回來再仔細思考。即使主管回答的態度不見得很好，也請記得「至少給彼此三次機會」。

三、鼓勵多看書或聽聽演講，吸收其他人上手的經驗

每個人每天都是二十四小時，想要「偷時間」最好的方法之一，就是多聽演講、多看書，或多上網找「具參考價值」的影片或內容。

如果每天和別人一樣都在上班，下了班只想放鬆或耍廢，那麼大多數的人永遠只會停留在原地。有空時，不妨用來充實自己的思維，聽說成功的人都是運用「每天下班後的三小時」進行自我學習。

四、超級新人會有幫主管解決「上層壓力」的能耐

一般的新人進公司，只會看到「主管給自己的壓力」，但超級新人進公司，還會看到「主管的主管給他的壓力」。

其實，大多數主管已經焦頭爛額，卻還要解決層出不窮「來自部屬的問題」，自然火冒三丈，甚至常常控制不住情緒，這是可以理解的。可是主管如果碰到底下同仁不但不會製造問題，還會貼心的替主管解決「上層」的問題，怎麼會不心疼地把這樣的部屬捧在手心上？

年輕人也不要擔心「我怎麼可能沒有自己的問題」，不妨把它想成「我先幫主管解決問題」，主管自然會願意幫你解決問題。主管也別只嫌棄年輕人不優秀，優秀的同仁更需要主管的栽培與拔擢，給予一定的技巧指導，讓他們在正確的道路上，既能夠達成公司的要求，也能夠符合自己的理想。

培育篇1

29 別把「績效面談」搞成「激怒面談」

「已經是第八個了，哎。」凌部長算了一下，長嘆一聲。

領完年終獎金之後，已經有八個人離職，雖然部門超過三百人，但是如果數字持續上升，還是蠻造成傷害的。

在凌部長三十年的工作生涯中，每次只要從績效面談到考核公布，尤其是領完年終獎金後，就會出現一堆人陸續離職。每次他把要離職的人找過來，離職的理由什麼都有，雖然很少有人明說，但是都隱約透露著「對績效考核不認同」的觀點。

問題是，為什麼愈來愈多的年輕人不認同績效考核，這該怎麼解決呢？凌部長陷入沉思。

為什麼對於績效考核的上下認知愈差愈遠？

其實，企業為了達到年度目標，有績效面談是正常的，但績效討論必須由上下雙方一起討論，而並不是為了面談而面談。主管常常有個盲點，認為同仁只要「將面談評估表寫完」就好，其實每一次的績效面談，都會影響同仁決定繼續投入工作的意願，這是主管一定要知道並注意的事情。

績效面談的重點在「評估」，目的是主管要和同仁確認今年的績效如何。所以，**一場績效面談的前半部重點在於「評估」**，但是評估也不是主管說了算，過程中必須創造彼此談話的機會，讓上下的想法達成共識。

績效面談的過程中，不是只有做出今年度的考核成績，更重要的是放眼未來。所以，**一場績效面談的後半部點在於「指導」**，必須由主管告訴同仁哪裡不好，並且要求改進。評估之後，讓同仁知道自己哪裡不夠好，是好主管一定要做的事情，只不過許多企業主管以為年終把同仁找來聊聊，填完表格就ＯＫ，完成了「評估」，卻疏忽了「指導」，實在非常可惜。

要特別提醒的是，在績效面談的過程中，不只是「上面的指示」，也要尊重「下面的想法」。

績效管理，三技巧達成上下共識

愈來愈多的企業發現，績效評估的效益不斷降低，而且佔用大量時間，更讓員工覺得與現實脫節。

主管們要知道，績效管理的重點是「**企業達成目標**」及「**員工有所成長**」，兩者缺一不可。不管公司用「KPI」（Key Performance Indicators，關鍵績效指標）、「OKR」（Objective Key Result，目標關鍵成果），或任何的績效考核方法都OK，但請務必記得考核是為了達成公司目標，以及考核也為了成就員工自我。

績效面談時的 6 大溝通地雷

主管要避免說出以下語句：

1. 到底我要怎麼做，你們才會滿意？
2. 公司的餅就只有這麼大，我要怎麼分？
3. 不然你來做主管看看啊？
4. 你們的要求為什麼都那麼多？
5. 能不能設身處地想一下公司的困擾？
6. 有捨才有得，明年就輪到你了

一、避免落入績效考核的兩大盲點

要達到績效考核的目的：「企業達成目標」、「員工有所成長」，主管務必避免落入以下兩大盲點：

1. 績效考核的目的不是為了壓榨同仁非做到目標不可，而是了解同仁執行過程的效果，並給予實際的指導協助。
2. 績效面談的目的不是為了年終獎金的分配而「安撫同仁」，而是確實了解同仁需求，成就員工並達成公司設定的目標。

二、放下身段，接受績效面談時加入「向上考核」的類似機制

許多年輕人不喜歡績效考核，是因為他們認為只能配合上面，自己沒有任何發言權。所以，現在也有許多公司或企業陸續加入調整機制，讓同仁有更多對於績效的發言權和決定權，不妨在年終績效面談時加上同仁對於主管的「考核機制」，讓年輕人說出自己想說的話。即使公司內部沒有正式機制，心胸寬大的主管也可以主動請員工給自己建議，營造上下一致的共識，有利建立信任感，了解同仁的想法。

如果主管願意放寬心胸，不妨聽聽同仁對以下問題的看法：

1. 你覺得主管做了什麼對你在達成目標上有很大的幫助？
2. 你認為主管可以提供什麼資源，讓你更容易達成工作目標？
3. 如果你是主管，你會想給他那句建議的話？
4. 如果你接任主管，你會做出什麼和現在主管不同的做法？

三、績效評估的重點在引導，可在面談之前先告知同仁問題

主管可以在進行績效評估之前，先讓同仁知道主管想問的問題，進行過程中就不用花太多時間思考，也讓同仁有更多機會暢所欲言，自己則是少說多聽。

通常在工作上，主管需要了解的問題如下：

1. 請同仁說說，這段時間自己最驕傲的工作成就是什麼？原因何在？
2. 請同仁評估這段時間，自己學到了什麼？因為學到什麼會感到開心？
3. 在工作上覺得無力，最感到挫折的事情是什麼？當時有什麼反應？

4. 如果希望在工作內容上有所改變，最想改變哪一件事情？如果不只一件，同仁自己的排序為何？

5. 如果想挑戰下一個職位，那會是什麼？為什麼？

所有的績效考核永遠沒有最好的制度，只有最適合公司的制度，但是最適合公司的制度，前提必須上下「達成共識」；達成共識的前提就是：

考核制度不再是由上面單一指令，

一定要尊重員工的想法。

在跨世代的高效團隊裡，即使高層擁有決策權，也要讓同仁擁有參與感，才不會讓員工和考核結果愈離愈遠。

自我檢視　幫助上下達成共識的好提問

詢問新世代對主管的想法

- □ 主管做了什麼對你在達成目標上有很大幫助？
- □ 主管可以提供什麼資源，讓你更容易達成工作目標？
- □ 如果你是主管，你會想給他那句建議的話？
- □ 如果接任主管，會做出什麼和現在主管不同的做法？

詢問新世代對工作的想法

- □ 說說這段時間自己最驕傲的工作成就和原因？
- □ 評估這段時間自己學到什麼？因學到什麼感到開心？
- □ 工作上覺得最感挫折的事？當時有什麼反應？
- □ 如果工作內容邀有所改變，最想改變哪件事？
  （如果不只一件，同仁自己的排序為何？）
- □ 如果想挑戰下一個職位，那會是什麼？為什麼？

培育篇2

30 為什麼只要考績不好，就想立刻離職？

又到了績效考核的時間點，每年的這個時候，就是胡經理最頭痛的時候。根據經驗，每次績效面談完，都會有同仁要求要離職。但是他不知道為什麼，總覺得年輕人都自我感覺良好，即使在績效面談中，胡經理語重心長地與同仁講道理，企圖讓同仁了解公司設定的目標，但只要一聊完，同仁提辭呈的機率就上升。

為什麼只要主管給的績效考核讓年輕人不滿意，年輕人就會心生去意？

因為許多企業的傳統觀念就是「上面決定，下面聽命」，只是過去老一輩通常認命，即使不那麼公平，也就自認倒楣，繼續工作。然而新一代卻不吃這一套，只要他覺得不公平，或是覺得自己的權益被侵害，能夠忍耐得住的人通常有限，很容易說走就走。

年輕人從小活在史上最公平的時代當中，習慣受到高尊重和高關懷，讓他們注重自己的權益，這樣的習慣不是他們追求的，而是「被養成的」，並非源自年輕人造成的問題。只是進入了傳統職場中，很容易出現「為什麼慣老闆都要壓榨年輕人，或者霸凌我們」的觀點。

主管不要因為年輕人對績效不滿而生氣，往好處想，同仁會抱怨的原因多半出於自己想做得更好，而不是「死豬不怕滾水燙」。

同仁對績效考核不滿時，主管的 7 大溝通地雷

建議主管們避免說下列的話：

1. 為什麼年輕人都那麼愛計較績效？
2. 今年做不好，下次再努力就好了，急什麼？
3. 你們真的覺得自己做那麼好嗎？
4. 別人比你更認真，知不知道？
5. 幹嘛計較別人的工作？不然你和他對調！
6. 當你們準時下班時，別人還在努力，你知道嗎？
7. 年輕人不要急，下次就換你了

容許同仁對績效有意見

天底下本來就沒有制度是絕對公平的，所有的考核難免見仁見智，只是公司為了維持運作，不得不提出一個能夠維持賞罰的機制，然而一旦牽動到賞罰，必然就有公平或不公平的觀點。

近幾年有一個趨勢，企業有關績效考核的內容評定，慢慢地從「上面全權決定」到「上下共同討論」，甚至有企業「完全授權同仁」。建立這種「容許同仁對自己的績效有意見」是大勢所趨，公司也要開始練習公布績效規範時，納入同仁的意見考量，只是比例上可以有所調整。

就如同許多的公司從KPI慢慢往OKR移動，不必覺得OKR一定比KPI好，只要能夠讓公司同仁大多數能夠接受的制度，就是適合公司的好制度。

另外，主管要有意識，自己也不是做了主管就什麼都會，要學習當同仁不滿意績效結果該如何處理的技巧。倘若在績效面談的過程中，同仁的「自評」和主管的「他評」不一致，那該怎麼辦？

這裡提供兩個技巧可以使用：

一、主管最好有具體事證

許多同仁不能接受自己不好，原因是「人通常只記得自己好的」。所以主管平常就必須做一件事，就是讓全體同仁知道，哪些人做得好，和哪些人做不好？

舉例：部門內有甲、乙、丙、丁四位同仁，主管可以在乙表現特別好的時候，就在大家面前講出乙同仁「好的具體內容」，所謂好的具體內容，通常包含「乙有與過去不同的亮眼表現」，以及「乙對團隊的特殊貢獻」。

但是如果丁表現不好的時候，主管可以私下把丁找來，告訴丁除了表現不佳必須彌補以外，也必須「事先預警」，這樣的表現有可能影響到績效考核，避免等過了好幾個月才有績效考核時，丁根本就忘了自己表現不好這回事，不斷地向主管據理力爭，衍生後續困擾。

二、運用「抓大放小」原則

當主管要準備具體事證時，許多主管會擔心每天、每位同仁這麼多行為，我哪有辦法全部都記住？

此時請運用「抓大放小」原則，不論有多少同仁或行為，主管請記得找出：

1. 同仁個人行為對部門有貢獻的事蹟。
2. 個人行為對公司有影響或損失的事情。

建立一個能夠讓多數同仁理解的標準，也才能夠達成上下對績效的共識。

建立提前預警制度

績效考核被人最大的詬病就是同仁到了當天「揭曉」才知情，因為不能接受而強烈反彈。有人說，績效的前半部不是就會有「自評」嗎？但實際情況是，大多數的「自評」都必須得到主管認可才算數，

建議在績效面談討論同仁「自評」時，若是與主管自己的預設狀況不同，最好在現場就能縮小期待落差，千萬不要視而不見或當作沒這件事。主管可以運用前面所說的「具體事證」與「抓大放小」原則，讓同仁先有心理準備，避免他在績效考核結果公布後，產生反彈。

當然，也有許多同仁的自尊心很強，過程中主管一定要用引導的方式，讓同仁自行想起過去沒做好的地方，願意自行調整分數。

主管一定要給同仁一個台階下，給予下一次的期許和肯定，雙方比較容易相安無事。

自古以來，上位者就是考核官，發布出來的結果，底下也幾乎是全盤接受，然而整個世界早已和以前截然不同。威權主義對帶領新世代已經無效，主管也別認為自己說的話就是聖旨，做出的指示就是天諭，讓同仁們有說出自己想法的機會，並且打從心底願意接受，才是真的：

別用舊觀念，帶領新世代。

建立「事先預警」制度

1. 平時讓全體同仁知道哪些人做得好，哪些人做不好？
2. 同仁表現不佳時，私下告知當事人必須彌補以外，也必須事先預警，這樣的表現有可能影響到績效考核

31 如何留住「績效很好，卻想離職」的員工？

培育篇3

古經理快要抓狂了！他剛做完和同仁小君的績效面談，在他過去二十年的主管生涯裡，碰過對於主管給予的績效不如預期，想萌生辭意的例子並不少見，但從來沒碰過主管給的績效很好，同仁仍然想離職的，而且他對小君的表現一直很滿意。

會議室當中，他和小君的對話如下：

古經理：「小君，很開心你對公司的貢獻，我非常器重你，所以如同以往，繼續給你公司最高的考核評等，今年一樣可以領到超過三個月的年終獎金，有沒有覺得很開心？」

沒想到小君的回答是：「很感謝經理對我的肯定，做了這麼多年，我也都全力以赴，可是最近對於工作愈來愈失去動力和方向，我想休息一陣子……」

古經理愣住了，為什麼會這樣？

為什麼公司已經給到最好的績效肯定，同仁卻還是要離職？

因為老一輩要的是「薪水穩定」的工作，新一代要的是「實現自我」的工作。

對新世代來說，錢很重要，但不是最重要的。

新世代希望薪水能夠滿足每個月的花用，但是更在乎工作的內容，是不是自己喜歡而且想要的。對於工作，他們更在意精神上的收穫。

這是因為現在年輕人從小在物質上受到照顧，導致與豐富物質相比，他們更在乎心靈上的肯定，大人對他們的讚美和尊重幾乎不絕於耳，無論在家庭和學校都是如此。所以，相對於職場習慣的批評和要求，他們更渴望心靈的慰藉。由於踏進職場前後的落差，大多數的年輕人還在逐漸習慣中。

留住好人才的兩個關鍵

過去，員工大多數以「物質」為優先考量，但新世代由於前面所提到的背景不同，更在乎「自我成就」的考量。想要留住好人才，主管要把握兩個關鍵：

一、先確認同仁所屬類型

一般來說，同仁有兩大類型，一種是物質型，另一種是精神型。

物質型重視的是金錢，包含薪水、獎金、升遷，以及公司福利。

精神型在乎的是工作上的感受，包含表現是否被肯定、做的內容是否有成就，以及對於工作學習到的是不是自己要的。

二、做出一份部門同仁「個人發展盤點表」，並隨時找機會進行關懷

每個公司都有所謂的財務和資產盤點，但是如今的主管，也要學會針對部門同仁進行「個人發展盤點」。

同仁內心不滿而提離職的 7 大溝通地雷

碰到類似狀況，主管要避免說出下列話語：

1. 年輕人怎麼這麼不知足？
2. 公司這麼肯定你，你應該感恩才對啊！
3. 都給你這麼多了，你還不會感恩嗎？
4. 別說這麼多了，反正我不准你離職就對了
5. 自己回去想想，公司還有哪裡虧待你？
6. 別說這麼多，給你放幾天假，你一定是太累！
7. 公司和我一直給你機會，年輕人要懂得把握！

與新世代互動最忌「先公後公」

我常在上課時請教大家，主管和同仁每天的互動應該是「先公後私」還是「先私後公」？答案是「不管選哪個都可以」，唯獨要避免的就是「先公後公」！

聽到這邊許多主管笑了，因為在忙碌的上班期間，絕大部份主管的確都是「先公後公」。

很多主管的理由是平常上班那麼忙，哪有時間聊這些？這個理由可以理解，但重大的後遺症也會逐漸浮現。在主管沒有時間了解同仁真實想法的情況下，久久一次績效面談才聊到同仁的未來，根本無從了解想法瞬息萬變的新世代，等到他們決定離職時，再想了解他們的想法也絕對緩不濟急。

所以主管必須先認知「長痛不如短痛」，等碰到上述案例——好同仁突然想離開而主管卻不知道如何安撫，不如平常就花一點時間進行了解，並且為同仁做出「個人發展盤點表」。

為同仁規劃的「個人發展盤點表」要包含下列內容：

1. 同仁希望在公司學到的東西
2. 對個人發展的期許與預設
3. 個人對於公司能提供的貢獻
4. 基於以上貢獻應具備的能力

至於這份盤點表該利用什麼時間完成？其實無論是利用平常的閒話家常，或是考核期間的績效面談，都是適當的時機，只要有機會，主管都可以抽空和同仁聊聊未來發展。

有體制的公司，甚至可以考慮將「個人發展盤點表」列入同仁績效考核升遷的考量之一，因為員工的個人意願，本來就是公司應該尊重並且重視的一塊。

對公司更有利的是了解同仁的想法後，再請同仁執行公司的指令，必定事半功倍；如果能夠同時將「公司的期許」及「同仁的意願」一併告知，絕對可以讓好人才更有工作動力，心甘情願地全力以赴，讓勞資關係進入到更順暢的境界。

培育篇4

32 如何和「沒有功勞、只有苦勞」的同仁溝通？

前一陣子有位優秀的主管問了我一個職場千古難題：

「老師，我們公司有許多年輕同事，可能剛從學校畢業，很多都是用功認真的好學生，可是到了專業職場，卻認為把事情做完就已經很好了，考績不好就會覺得委屈甚至生氣，他們分不清功勞和苦勞，該怎麼辦？」

從求學時期開始，年輕世代就一直都是以考試成績進行排名，成績排名或許不是他們最喜歡的方式，卻是他們能接受的方式。也因為如此，當這些年輕人已經習慣考試成績來自於「個人努力」，考不好的確是自己該負責的，不能怪別人，但也不會受到別人的牽累。

然而到職場就不同了，年輕人被要求進入以「團隊做事成績」為比較基準的循環，很可惜的是，他們已習慣了單打獨鬥來取得成果，除了少數過去在學校班級或社團，有過少部份的團隊活動外，幾乎沒有培養「團隊合作」觀念的機會。

所以年輕人進入職場以後才發現，他們不但自己的表現要好，還因為要團隊共好而必須和同事合作，而且這種表現成績不能只看自己，還要看團隊伙伴的表現。這不僅讓習慣「比較個人考試成績」、不習慣「比較團隊做事成績」的他們，覺得受到別人牽制，也讓許多年輕人不能接受。

另一方面，**在新世代的生長環境中，不僅欠缺「團隊群育」的觀念，也很少遭遇「論功行賞」的經驗**。

因為受到少子化和科技化的影響，許多孩子從小兄弟姊妹不多，玩的也大多是一個人就能進行的電子遊戲。進入學校後，以個人分數為主的「智育掛帥」升學主義下，「團隊群育」也常常被忽略或犧牲。

所謂的「團隊群育」，就是在團隊當中，大家為了謀求共同的目標，必須要合作前進，達成團隊目標時，為了獎勵大家，常常會「論功行賞」。

問題是，年輕人從小幾乎沒有因為團隊目標被「論功行賞」的習慣。

因為許多大人都以為「人人有賞」可以幫助小孩自信心的建立，於是在課業上的「一人獨享」，或是在團體活動中的「人人有賞」，導致年輕人認為在團隊中沒有功勞也有苦勞，「功勞平均分配」是應該的。

許多主管認為這是年輕人沒有準備好就進入職場，但其實卻忽略了他們的成長背景。

培養「群育」中的貢獻度觀念

前面說到，「一人獨享」或「人人有賞」的成長背景，容易讓年輕人認為「功勞就應該大家平分」，或是「只

面對同仁無團隊觀念，主管的 6 大溝通地雷

碰到這樣的情況，請先不要說出下面的話語：

1. 沒有功勞、也有苦勞的觀念已經過去了，你們不知道嗎？
2. 已經進入社會，不要再用過去學生的觀念好嗎？
3. 公司就是看貢獻度，請拿出自己的表現，不要一直抱怨！
4. 你先看別人的成績，不要為自己做不好而辯解！
5. 別人做的就是比你好，你為什麼不好好學學！
6. 要批評別人之前，請先反省自己！

要有做就必須被獎賞」的觀念。

因此，在進入職場或公司初期，主管要協助這群年輕同仁培養「團隊群育」當中「論功行賞」的觀念。「論功行賞」指的是根據每位同仁的貢獻度，決定功勞高低的表現，所謂的「功勞」指的是在團隊中，對於團隊成功具有貢獻度的人。

例如，許多**年輕人常常喜歡說「領多少錢，做多少事」**，**主管不妨換個角度溝通，請年輕世代思考「做多少事，領多少錢」的可能性**。

「領多少錢，做多少事」的想法，容易畫地自限，拘束了自我成長，而且很容易讓年輕人塑造悲情的自己，覺得自己沒有功勞，也有苦勞，應該也要被肯定。但是「做多少事，領多少錢」的思維，反而能夠鼓勵年輕人往前衝。既然嫌錢少，為什麼不拿出自己的表現，換取更多公司的肯定和獎勵？

另外，主管也要建立職場考卷每題「分數有高低」、「難易有差異」的觀念（本觀念依照不同的企業，會有不同的效果，請審慎使用）。

在學校拿到一張考試卷，總共只有十題，滿分為一百分，可能是一題十分。可是「職場考卷」不一樣，如果A部門共有甲、乙、丙、丁、戊五個人，五個人必須完成某目標的滿分是一百分，而過程中有十道難題，這十道難題都必須由大家共同完成。這時候的分數分配就不會是一題十分，而是可能會出現一題十分的，也會有一題十五分的，甚至也會有一題二分的。

請年輕世代試著回答一下：

完成這一百分，如果要論功行賞，五個人誰的功勞如何論斷？

A. 是十題當中完成題目最多的？

B. 還是完成題目總得分最高的？

依照「A 觀念」的考量，如果甲完成了四個題目，乙完成三個題目，丙丁戊各完成一個題目，此時甲一定是功勞最大的嗎？

或許更多人會選「B 觀念」：

甲：完成四題，每題五分，得分共二十分。

乙：完成三題，每題八分，得分共二十四分。

丙：完成一題，每題四十分，得分共四十分。

丁：完成一題，每題十分，得分共十分。
戊：完成一題，每題六分，得分共六分。
這時候，依照「貢獻度」的功勞排名是：丙↓乙↓甲↓丁↓戊
（以上為單純考量，先不考慮暫不確定的變數）

依照「貢獻度」進行考核

相信在這樣的說明後，年輕世代也能理解依據「A觀念」，績效評估時純粹只看「事情的多寡」，而完全不考慮「貢獻度的高低」是一種不公平的考核依據，也是每次在績效考核過後，就會有年輕同仁不滿意而離職的原因之一。

「B觀念」或許會讓更多年輕同仁能夠服氣，前提是要克服兩個難題：

1. 主管們自己必須能夠先接受這樣的想法，並且依照企業文化的不同，設法落實這個觀念，變成大家都能接受的制度。
2. 在年輕同仁剛進公司時，就必須將這樣的考核文化或想法，在一開始的時候就要向同仁說明，並且讓他們願意接受。

由於成長環境使然，許多年輕人進入職場，卻沒有準備好心態，請主管們先不要責怪他們，而是要了解形成原因。

年輕世代不了解的職場「眉角」真的很多，過去的老一輩認為丟進水裡就會游泳了，以這樣的觀念對待年輕人，只會演變成隨便丟進泳池的人很多，但沉下去的卻更多！請主管們面對初入社會的新世代，一定要教好他們「換氣和呼吸」，告訴他們換氣和呼吸的「重要性」，再讓他進入泳池，以免馬上在職場裡「溺斃」。

建立「貢獻度」意識的 2 個觀念

1. 思考「做多少事，領多少錢」的可能性
2. 建立職場考卷每題「分數有高低」、「難易有差異」的觀念

33

培育篇5

為什麼公司加薪，同仁反而還嫌少？

在高階主管課程中，一位副總帶著滿臉疑惑來找我。

原來接近年底的時候，公司決定要多發獎金來鼓勵大家，沒想到獎金發出去，卻沒有得到同仁的普遍叫好，反而還出現了「怎麼那麼少」的耳語。

這位副總覺得很疑惑，為什麼本來沒有的獎金，公司千方百計為同仁著想、爭取，發了出去卻反而沒有激勵作用？

過去物資貧乏的年代裡，老一輩進入企業，認為全力以赴是理所當然的，做得不好，自己更努力也是應該的，如果做得好，上面還願意給好處，很容易產生感恩和喜悅，所以當老一輩升上主管的時候，就會覺得公司給予的恩惠，底下應該要非常開心並且感激。

但年輕人覺得公司給好處是理所當然的，為什麼一定要表示很感恩？

對年輕世代來說，或許不是他們的錯。只是從小父母的「極度照顧」和「寧願多給」，也不小心養成了年輕人覺得這些好處是理所當然的。例如，他們會認為：

「父母買了排骨飯是我不想吃的，因為他們也沒問我要不要吃排骨飯啊？為什麼我不想吃，他們還要不高興？」

激勵年輕世代的四原則

為什麼錢灑出去，卻沒有激勵到士氣？

其實對於年輕世代，公司想要達到激勵效

年輕同仁對公司福利無感，主管的 5 大溝通地雷

這個時候，先不要這麼說：

1. 公司千方百計為大家著想，大家為什麼連聲謝謝都沒有？
2. 為什麼現在的同仁都不會感恩？
3. 給你們多了一些福利，你們沒有感覺？
4. 你們平常一直要求，給了反而沒有感謝？
5. 公司願意給這些獎金，你們知道有多不容易嗎？

果，可依循以下四個原則：

一、錢或獎勵要給在刀口上

所謂的「刀口」是什麼？指的就是「同仁真正想要的需求」。同仁平常提出需求時，必須先有即時的回應，正面回應同仁，也許不是立刻可以達成，但是至少讓同仁覺得「你們的聲音公司有聽到」。

二、別給「自以為是的恩惠」

無論是主管或父母，常常都會給予年輕人「自以為是的恩惠」。只要是「自以為是」，就很難引起對方的感受。舉例來說，公司原本每年會常態加薪一％，今年決定加升到三％，請問會不會有同仁有感覺？

答案是「會」，但是大多數是待得久，知道以前只有一％的同仁，會對三％喜出望外，但大多數的新進同仁，卻可能會覺得：「加三％是正常的啊，人家別的公司都會加五％呢！」

三、如何讓大家參與

為什麼錢灑出去，卻沒有激勵到士氣？原因很簡單，因為在經歷的過程中「沒有讓大家參與」！

如果有同仁要求加薪到三％，公司都沒有初步的正面回應，到了年底才突然提出三％這樣「自以為是」的恩惠，一方面效果遞減，而且在過程中有人才流失，也是公司的損失。比較好的做法是公司先正面的初步回應大家「的確可以來商量」，高層可以先行討論，決定是否要「給予三％」。

即使決定好也別急著宣布，不妨應大家要求召開會議，在會議中讓同仁提出需求，而在同仁表達加薪需求的過程中，表示「公司聽到了，也希望滿足大家」，會在二％到三％的空間中聽聽大家的看法，最後形成加薪三％的共識。

四、建立「做多少事，領多少錢」的觀念

前面提到，主管們不妨換一種思維，建立同仁「做多少事，領多少錢」的觀念，引導同仁正面思考。這裡不是要公司無限上綱的增加獎金，所謂的「領多少

錢」，可以包含「金錢」上及「精神」上的鼓勵。

公司領導者可以把本來就預計發放的「薪資和獎金成本」，配合業績的達成，改變成更「針對性的發放」，也就是**改變薪資和獎金發放的「結構」**，把反正都要發放的內容，改成「更有效率、也更到位的發放方式」。

這樣的做法會有三個好處：

1. 公司的總成本不會驟然增加。
2. 同仁領到的錢之後會更有感覺。
3. 避免許多年資高但是效率下降的尸位素餐者，養成「不管怎麼做，也會有這麼多錢」的錯誤示範。

公司高階主管請記得，即使想發給同仁糖果吃，也不要想發就發，而是真的去了解同仁想要什麼

激勵年輕同仁 4 原則

1. 錢或獎勵要給在刀口上
2. 別給「自以為是的恩惠」
3. 如何讓大家參與
4. 建立「做多少事，領多少錢」的觀念

樣的糖果，這樣的給予和得到才是尊重的做法，而公司的給予也才會有正面價值。

而且依據人性的習慣是，被施捨的果實往往會感覺沒有甜味，爭取來的果實才是甜美的，那麼為什麼不讓同仁擁有：

只要有爭取是合理的，

公司就願意傾聽並且正面回應的雙贏共識呢？

培育篇6

34 找離職員工回鍋的標準

每月的公開課程，是我與許多優秀企業同學在課堂上有來有往、腦力激盪的快樂時光。某日課堂上的小組演練情境是：

假如同仁提出辭呈，主管該如何慰留？

在同學演練完後，我會分享用詞該如何拿捏，讓講法更好。

「河泉老師，最近公司的離職率感覺有下降，但是因為業績大增，人力還是不足，我正在考慮找一些離職同仁回來，老師對於『員工回鍋』這件事，有沒有什麼提醒？」演練休息時，一位在公司擔任總經理的同學向我詢問。

許多企業針對離職員工回鍋之所以思考再三，主要是考量：

1. 雙方對「忠誠度」的認定是否不同？
2. 當初「分手」是否愉快？
3. 如果離職時雙方不那麼愉快，擔憂員工回鍋是否有其他想法？
4. 會不會將外面的壞習慣帶回來，衝擊原來的價值觀？

對於企業來說，不論有沒有上述的考量，為了面對區缺工時代的現實，還是必須考慮接受回鍋員工，主要的背景原因如下：

無論是工作型態的改變，或是新世代對於工作的黏著度下降，都造成了企業組織內人力流失，離職率增加。另外，由於少子化衝擊，以及年輕人可選擇工作增加，造成企業的面試報到率不斷下降，可用人力極度缺乏。換個角度來看，離職員工過去也曾在公司待了一段時間，如果回任，至少不用再花時間重新教導，可以立即上手，快速補充即戰力。

然而對於公司來說，即使有迫於現實的需要，在找回離職員工回鍋的過程中，還是必須謹慎面對，考慮兩大重要因素：

一是離職時的和諧度，如果同仁離職時很圓滿或好聚好散，就視為和諧度高，如果雙方沒那麼愉快，則視為和諧度低。

二是離職後的變化度，如果在同仁離職後只是回歸家庭，並未繼續投入職場，則視為變化度小；如果繼續投入職場，吸收其他企業文化，則視為變化度大。

員工回鍋應考量四狀況

從和諧度和變化度來看，會衍生出四種狀況分析：

一、離職時和諧度高，離職後變化度小↓回鍋最佳狀態

這種狀況通常可視為「回鍋的最佳狀態」，因為同仁雖然離職了，但當初離職時和大家的感情不錯，回鍋後被接納的程度也相對較高，加上沒有受到其他企業文化影響，回到原本單位繼續上手，會相對簡單、容易得多。

如果可以，建議公司優先撈出這一類同仁的名單，以這類同仁為首選，歡迎他們回來工作。

二、離職時和諧度高，離職後變化度大↓慎重佈局並找出解方

此時，同仁雖然在離開過程並未破壞感情，回鍋被接納程度高，但由於該同仁曾經投入新工作，必須在回鍋前考量下列兩種狀況：

1. 主動鳳還巢：若是同仁主動希望回來，好處是此時薪資容易商量，變化的幅度不大。
2. 公司邀回鍋：比較麻煩的是，如果同仁是公司主動邀回來的，此時因為同仁已經擁有在外打拚的成就，對於薪資的水準和待遇的要求一定會變高。

此時為慎重佈局，公司務必先考量：

- 是否非需要這個同仁回來不可？
- 回來後的高薪對原有同仁的衝擊性

員工回鍋的四種狀況

離職和諧度高 離職變化度小 → 回鍋最佳狀態	離職和諧度高 離職變化度大 → 慎重佈局
離職和諧度低 離職變化度小 → 源頭是否還在	離職和諧度低 離職變化度大 → 小心處理

變化度

和諧度

三、離職時和諧度低，離職後變化度小

↓源頭是否還在

這類的同仁離職後並未到其他公司，受到外界的影響不大，所以回鍋後工作容易上手。唯獨要思考的是，這類同仁在離職時曾經出現與公司的不愉快，必須先了解當初的離職原因（源頭）是否仍然存在，或者是否可以協調後化解？

如果不愉快的原因已經消除或可以解決，不妨考慮再續前緣。

四、離職時和諧度低，離職後變化度大

↓最需要小心處理

這類同仁是最需要小心處理的，因為

他們離職時和公司有過不愉快，也投入了新職場，回鍋融入原本企業文化的阻力可能更大。主管同樣必須考量是同仁主動「鳳還巢」還是公司「邀回鍋」？如果是同仁主動希望回來，最好能在回鍋前先把一切講清楚，同仁要先接受和原來差不多的條件，公司也答應協助讓同仁回歸。

至於是公司邀請回鍋的同仁，就請領導人務必思考再三，因為此時同仁很可能提出極高的薪資和福利要求，萬一演變成「**走時很不愉快、回來大搖大擺**」，勢必會出現大量現有同仁新一波的反彈。

公司不妨思考和回鍋同仁訂出「再續前緣」的短期契約，可以是三個月或半年，只要雙方議定就好。在這段期間內，公司可以觀察回鍋同仁是否仍然適合，回鍋同仁也可以思考自己是否習慣，雙方都有權利想清楚，這個緣分該不該繼續？才是對雙方最有利的做法。

PART 4 離職處理情境演練

35

概念篇1

直面新世代的高離職率，需要領導者跳出來

A董是課程認識的前輩，公司在台灣產業界有四十年資歷，赫赫有名，員工成千上萬，表現更是有目共睹。在上週餐敘中，A董跟我抱怨人資主管能力不足，人才政策不當，造成員工離職率不斷上升。

耐心的聽A董講完話後，我簡單的回了一句話：「董事長您知不知道，其實各企業的人才政策關鍵，目前已經不在人資，而在您的一念之間。」

A董放下手中的刀叉有點詫異地問道：「為什麼？」

為什麼人才政策的關鍵在高階領導人？首先，主管對於「領導者」和「管理者」的分工應該要有清楚的概念。

高階領導人的任務在「**描繪願景、吸納人才、指出目的方向**」；中基層管理者的任務在「**執行願景、驅動人才、確保前進無誤**」。

有沒有發現兩者差別？真的能夠讓人才心甘情願投效公司的關鍵，不是管理者而是領導人，只有領導人將公司的願景描繪清楚，才能夠吸引真正的人才。

許多高階領導人停留在過去，認為員工進來就該全力配合公司，服從指揮，如期完成交辦的任務。因為這樣傳統的觀念，沒注意到新舊一代的工作目的早已不同，導致企業人才大量流失。

有趣的是，高階領導人還會責怪中階主管、人資部門，認為「主管沒有善盡職責把人帶好」，或是「人資部門沒有找到適當的人選」。只想用老舊的方法，企圖解決新世代的問也難怪許多公司的離職率愈來愈高。

兩大絕招降低離職率

提升士氣降低離職，高階領導人必須親自出手的兩大絕招：

一、領導人是公司的天花板，具備「先知」程度，公司才有高度

自古以來，各組織的最高階層都擁有不可挑戰的權威，也造成了「下情無法上達」的陋習。目前「人才短缺」、「意願不足」、「士氣低落」的問題愈來愈嚴重，中階主管並非不知情，但是向上報告時會被責怪，認為自己能力不足，所以乾脆不說，反正不說，公司還是在前進，只是愈走愈慢，也愈走愈爛。

我曾經在一家世界頂尖的企業發現類似問題，便反映給人資同仁，希望他們自己要讓上面知道問題的嚴重性，然而對方卻不願面對，最後也只能祝福他們。

現代的老闆和領導人，自己必須有強大的自覺，面對產業的變化、大離職潮和新世代衝擊，必須先觀察公司組織是否屬於先知企業？然後做出決斷。

老闆自己必須先深刻體會，未來十年全世界將出現重大的人才斷層危機，必須親自主導人才政策的修正，出手制定「新型態的人才招募策略」，表現出公司「原來是玩真的」，底下才會願意配合。

二、從新人進來的那一刻，領導人就要展現魅力，讓同仁認同公司願景

在進入公司初期，老闆或高階領導人的演講，是打動年輕同仁的好機會。尤其年輕人報到的第一週是重大關鍵，因為公司的表現，會影響他的留任意願有多高。

許多公司會安排最高階的主管演講，有的是老闆，有的是董事長或總經理，這些高階領導人演講最重要的目的是：

設法讓新進來的同仁，在聽完演講後能夠認同公司，並且被主管訴說的願景打動。

最棒的場景是，聽完演講後許多同仁被感動，覺得公司做的事情很有意義，值得我在這邊奮戰，認同感大幅上升，也會帶動接下來的工作意願。很可惜大多數狀況是，領導人在演講，底下昏昏欲睡，分享的內容打動不了他們，沒有加分就算了，萬一聽完反而扣分，覺得「這個老闆的想法我不喜歡」，或是「這樣的公司好像不是我想要的」，就白白浪費了在報到的一開始，雙方拉近距離的絕佳機會。

公司高層是化解人才危機的關鍵

誠摯建議老闆或高階領導人演講或分享前，可以注意五件事情：

1. 務必事先準備，上台前記得演練。
2. 可以將公司遠大的願景和理想，精簡有效地描繪，但是要務實。
3. 用說故事的方式表達，內容加上一些趣味和互動，吸引年輕同仁聆聽。
4. 如果老闆覺得自己不適合演講，不如事先拍攝精采的影片來播放，也會有不錯的效果。
5. 最重要的是，一定要在演講完後，讓新進同仁內心產生加分的效果，對公司的認同度大幅上升。

人才政策務必從上而下，讓大家知道「公司是玩真的」，人力危機才能化解。近幾年我幫企業上課，發現人才的養成和管理，如果高階領導人的意願不夠堅決，底下就會陽奉陰違。

老闆們請相信，人才政策絕對不只是人力資源部門的問題，分工不只是隨便說說，更何況許多公司的人資部門都是有責無權。

要解決人才危機的問題，一定要「**自上而下**」，而且這個「上」，一定必須是「**公司的最高層**」。我知道公司的最高層絕對不是沒事做，而是現階段的人力危機實在太關鍵，不管產業判斷再精準，目標再明確，如果後面沒有人跟隨著完成，一切都是枉然。

公司高層要親自修正的人才政策

1. 領導人要具備「先知」程度，公司才有高度
2. 領導人要展現魅力，設法讓新人認同公司願景

36

概念篇2

如何應對呼朋引伴的「粽子式離職」？

蔡總經理是我的大學好友，多年前在學生社團一起打拚奮鬥，當年傑出的他，如今已經是極為優秀的企業家了，還接受過不少雜誌的專訪。

難得的假日時光，我卻接到老同學的視訊電話，鏡頭前的他看起來有點焦躁。

「河泉帥哥，想耽誤你幾分鐘可以嗎？」

一向認為比我帥的他會這麼說，顯示事情可能有點棘手。

「公司這一兩年有年輕人離職，我本來不以為意，後來發現他們常常不是一個人離開，一次就會走掉兩三個，就像綁粽子一樣，似乎是私下講好，這是目前年輕人的常態嗎？」老同學苦惱地問說。

三件事讓年輕人「粽子式離職」

一、年輕世代習慣用社群串聯感情

傳統世代在公司抒發心情的機會很少，多半是午休或是倒茶水時，與同仁抽空交談個幾句話，下了班就很少聯繫。

現在不同，年輕世代的心情分享，憑藉著電腦和手機的社群傳話，隨時隨地都能把內心的想法，發給公司內的每一位同仁，私下的感情也比過去要好。

二、被打壓的情感容易團結

自古以來，在社會被打壓的人，很容易團結在一起發洩。因為被壓迫者的心情往往相同，很容易私下找到想法一致的人，互相傾訴取暖，久而久之就變成了一個小團體。

只是過去的不滿容易被發現，多半被在上位者各個擊破或者分別安撫，現在依賴方便的科技都能順利地私下蔓延，想法一致者很容易緊密串聯在一起，等到爆出後才一發不可收拾。

三、心情抒發擁有高度隱密性

早年同事的心情分享，多半是面對面交談，不論在樓梯間或是廁所內，很容易被外界或是主管聽到，沒有太大的隱密性。現在的年輕人分享，都有自己的網路社群，對著電腦和手機發洩心情，隱密性高，表面上只看到他在電腦上工作，其實有可能在抒發自己。

主管面對「粽子式離職」的三大做法

一、先接受新世代「呼朋引伴」的現象

主管發現年輕世代呼朋引伴的離開，常常無法理解，認為離開是自己的事情，為什麼要影響別人？前面提到年輕人習慣分享心情，營造取暖的共同圈子，這本來就是人性的常態，主管要開始練習接受共同或先後離開的現象會「愈來愈普遍」。

如果主管問：「為什麼我們以前不會？」

我的答案是：「不是以前不會，而是過去好的工作太少，謀生機會不多，即使

不滿離開，也可能造成生計的影響，所以即使有同感，也不敢輕言放棄現在的工作。」但是如今的年輕人，有太多其他的工作可以選擇，自然不太在乎，反正這邊不好，要走就一起走，如同我常說的一句話：「**人如果有退路，誰會往前進？**」

二、主管要和同仁建立私人情誼

新的時代，主管要拿掉過去的觀念，傳統主管的想法是大家每天公事公辦就好，不必有私人情誼的介入。如今已不是這樣，主管必須開始了解同仁之間的友誼圈，因為這有兩個很重要的正向目的：

1. 借重同事交情，互相協助工作

職場工作繁雜多變，有時光靠個人力量不足以完成，互相支援固然是工作本分，但彼此熟悉的同仁，在工作上照應或協助，會有著更貼心的效果。

2. 運用同事交情，互相安慰肯定

職場是每天生活的圈子，每個年輕人一定有工作不順的地方，除了主管輔導以外，年輕人自己形成的情感圈，往往在安慰肯定上會有更好的效果。

基於以上的正面效益，**主管應該以「關懷了解」取代「監視窺探」的出發點**，建立和部屬正向交流的私人情感，讓同仁產生工作上的歸屬感。

三、離職資訊公開透明，避免流言蜚語

許多公司有個習慣，只要同仁離職的時候，幾乎都是遮遮掩掩，不好意思被別人知道。主要原因在於離職的過程中不見得那麼愉快，造成公司和當事人之間的尷尬，也因此不想讓太多同仁知道，卻造成反效果。

以往封閉的時代想遮掩還有可能，但是目前公司已經沒有所謂的祕密，任何類似的事情只要發生，幾乎第一時間就會傳遍全公司。現在的公司都必須依法行事，過去僅憑公司好惡而請同仁離開的時代，終將成為過去。

也因此，「離職資訊公開透明化」的趨勢來臨，所有同仁離開之前把話講清楚，勞資雙方坦承透明，你情我願。未來由公司公開舉辦，讓大家歡送要離開的同仁，大家好聚好散，是守法的企業應該考量的雙贏做法。

概念篇3

37 企業如何留住年輕的好人才？

阿傑是公司新進的年輕同事，來自不錯的學校，能力也還算不錯，報到時意氣風發，看起來也相當有自信，但是不到三個月就說想離職。

部門最高主管林部長嚇了一跳，當初他還蠻看好這個小男生，問起直屬主管陳經理，得到的答案是：「阿傑是還不錯啦，但是產出的品質不夠好，幫他改了幾次也沒什麼效果，做了職務調整也沒什麼用，顯然適應變化的能力不足。」

林部長也把阿傑找來，但阿傑的說法是：「覺得愈來愈沒有自信，想出去尋找適合自己的其他工作。」

「真的要放棄這個小男生嗎？」林部長正在思考的過程中，陳經理又說話了：「部長，我們公司又不是沒有人來，乾脆就讓他走，反正人再找就有。」

別再認為「人再找就有了」

一、年輕世代的能力和抗壓性未必成正比

許多年輕世代的能力不錯，從求學時期就有許多優秀的表現，然而許多主管發現，年輕人的能力未必和抗壓性成正比。

原因是許多學業成績優秀的年輕人，往往集萬千寵愛在一身，無論是父母或學校，都優先提供他們更好的資源，讓他們在家庭或學校可以全力衝刺，無後顧之憂。許多爸媽替優秀的小孩扛下了許多課業外的問題，但是也相對減少，讓他們承擔除了學業之外壓力的機會。

二、主管覺得好的公司不怕沒有人來

過去大企業憑藉光鮮亮麗的招牌，吸引不少應徵者爭相上門。往往一刊登出徵才訊息，應徵信件就如雪片般飛來。以往甚至有大型企業必須以學校為考場，辦理成千上萬應徵者的考試，只為了錄取幾百名的同仁，造成一位難求的現象。

這種優秀人才爭先恐後的印象，也造成許多大企業的主管，很容易有一種先入

為主的觀念，那就是「反正要來的人這麼多，人再找就有」。

其實在業界慢慢出現一種現象，那就是「真正能用的人，並沒有想像中這麼多」，其中又以兩個原因影響最大：

1. **大企業的競爭性未必比過去吃香**

社會的少子化加上求職觀念的改變，許多優秀的年輕人，有的因為不想被過多的體制限制，有的因為不想慢慢地等待升遷，已經未必優先以大公司為第一選擇。

2. **已經出現「事浮於人」的現象**

傳統的「人浮於事」指的是人多而工作職缺少，然而如今已經出現「事浮於人」，就是職缺愈來愈多，但是參與的人卻愈來愈少，甚至出現缺工的現象。

社會已經進入了「**不但缺人，也缺人才**」的時代，想要維持最佳競爭力的企業，必須拿掉過去的睥睨心態，不但要全力搶人，而且不能放掉一個好人才。

留住年輕好人才，須知三件事

一、找人要從「正面表列」調整成「負面表列」

許多主管在用新人時，習慣「正面表列」，很容易列出「我希望這些新人有哪些特質」，如果發現這些特質不夠，就會想再尋找更適合的人選。但是人才市場正在改變，主管應該要考慮「負面表列」，也就是如果可以用的人就先用，不夠好也可以試著教導，必須有「真正很不適合的狀況」，再考慮換人。

在大缺工時代與離職潮上升的時候，**「負面表列」是主管該思考的方式，先求有，再求好。**

二、提升年輕世代的抗壓性，必須循序漸進

許多看起來有自信的年輕同仁，多半是過去在學業成績上的表現不錯，可是一旦進入企業，工作能力就會受到考驗，學業能力不錯的年輕人，反而有可能欠缺做事的能力，以及解決問題的抗壓能力。進入企業之後，如果抗壓性不夠，在遭受屢次的打擊之後，原有的自信心也會逐漸蕩然無存。

我曾經說過「提升抗壓性」就像練習舉重一樣，絕對別急著一次就舉一百公斤，而是必須從三十、五十、八十公斤漸漸往上加。所謂的漸漸往上加，就是主管給予工作的繁重度。為了給年輕人多一些緩衝時間，主管不妨將事情劃分為簡單、有點難、比較難、很難等不同等級，等到年輕同仁站穩之後，在逐漸往上加，一方面穩定信心，二方面增加實力。請務必記得：

自信心是同仁工作能力的外顯，
抗壓性是同仁自信的支撐點。

三、修正年輕同仁的工作產出時，告知原因

前面阿傑沒有自信的原因，就在於「主管不斷修改阿傑的產出，但並沒有告知原因」。許多主管雖然存在老一輩的觀念，就是「突然要求是一種磨練」，不需要告訴你為什麼，一段時間之後你就懂。但現在更多的發現是年輕世代不是「一段時間就會懂」，而是「一段時間就會走」。

主管絕對可以修正年輕同仁的產出，但不是只用權力要求他修改，而是要讓他知道為什麼要改？

許多主管覺得這件事沒有必要，而且浪費時間，但是有智慧的主管會發現，告知同仁原因有兩個好處：

1. 讓同仁下次朝著正確的方向。
2. 讓年輕同仁的自尊得到滿足。

在「**不但缺人，也缺人才**」的時代裡，不先花時間留住好人才，後面只能讓無可計算的人力成本不斷地消耗，也流失掉了企業在市場上的競爭力。

留住好人才的 3 件事

1. 找人要從「正面表列」調整成「負面表列」
2. 提升年輕世代的抗壓性，必須循序漸進
3. 修正年輕同仁的工作產出時，告知原因

技巧篇1

38 離職最難，好聚好散

有許多擔任主管的同學問我：「老師，如果底下的同仁想離職，我們看來也真的留不住，只能真心祝福他，該給他哪些建議，以好聚好散！」

會說這些話的主管其實非常難得，因為大多數的主管都是怕底下人要走，所以撕破臉是常見的事情。能不能做個讓部屬「離開後還會感謝」的企業，就看主管怎麼面對和因應。

老一輩進入企業，早期很容易從一而終和做到退休，頻繁的離職被認為是沒有定性或不忠誠的代表。其實大多數的離職都和直屬主管有關，只是過去的組織部門中常常被主管隻手遮天，同仁的想法很難下情上達，走的時候還會被貼上負面標籤，幾乎無力回天。

面對這些情況，聰明的主管們請先調整心態。運用權力斥責下屬，或者不讓他們走，甚至是斷了他們的後路等，都是過去時候威權時期的做法。從長遠來想，圈子其實很小，如果沒有好聚好散，反而傳出去許多不利於公司或是主管的形容詞或話語，在網路推波助瀾的威力下，反而更傷。

各位英明的主管不妨拉高格局，想想自己帶過的同仁，能夠有更棒的選擇，可以出去外面開枝散葉，到其他公司開拓天下，也是個人疆土的拓展，職場其實沒有那麼大，再相逢的機會其實很多。

同仁決定離職後，主管應避免的 6 大溝通地雷

1. 為什麼年輕人都不知道感恩？
2. 你們不知道工作有多難找嗎？
3. 公司花了很多時間栽培你們，知不知道？
4. 你們這些人，將來就不要後悔！
5. 如果出去，就不要再回來！
6. 沒有忠誠度的人，我們公司也不要

與想離職的部屬確認五件事

想要保持離職後的良好關係，主管可以給想走的部屬以下五個重要思考點：

一、不是意氣用事，而是真的已經做好萬全準備

很多時候跳槽不是不行，無論拿到更高的職位或是更好的薪水，先送給部屬兩句話：「**與其領得多，不如領得久。**」

如果已經決定想走，留下來最大的好處之一，就是設法先評估自己的實力，然後想辦法「在公司找機會練兵」。舉個例子，雖然想走，但是如果知道自己欠缺「帶人的經驗」，不如在原公司先優先舉手，爭取擔任主管的機會。部門和業務內容，或許不是優先考慮的項目，反正能夠學習帶人，就是一種機會。而且在專長經驗當中，「帶人」幾乎是無法速成的，絕對需要年紀和經驗的累積。

二、確認公司已經沒有任何可以提醒或幫助你的貴人

在職場裡得到主管和同事很容易，得到貴人和導師卻很難。

所謂的貴人，指的是擁有下列三個條件：

1. 有能力看出你具備的潛力和問題。
2. 有實力能夠引導或指引你下一個動作。
3. 有權力能夠影響你的升遷與加薪。

能夠擁有上述三個條件的貴人不多，請千萬多珍惜。或許大家都聽過「千里馬需要伯樂」，其實千里馬所在多有，但是難得的是「伯樂」，畢竟「伯樂」必須能看出某一個人不為人知的內涵和長處，不是空有年資的主管都做得到的，如果真的碰到，請千萬多珍惜。

三、確定已經百分百沒有任何的機會

很多人想走的原因是覺得公司沒有發展，因為上面的位子都被佔滿，沒機會向上攀升。**在離職率上升的現代，其實很多人的離開，就可能是我們的機會**。

尤其盛行跳槽的時代，一個主管被挖角，就可能連帶一個部門被挖光。假如你是留下來那個，就有更多的機會和更大的舞台。

四、有把握已經把公司的獨家專業技術都學完

許多企業都有自己的獨門技術，是外人學不來也無法抄襲的，如果待在這樣的企業，請千萬先確認「離開時有沒有學到這些獨門技術」。

很多年輕人被挖角時會覺得很開心，認為終於可以一展所長，卻沒有發現到許多公司的挖角，真正的目的不是待過前公司的「你這個人」，而是待過前公司的「你擁有獨家技術的能力」。即使跳槽或被挖角過去，或許剛開始薪水很高，但是當對方公司發現你並未擁有他所要的技術，也可能會不留情面地拋棄你。

五、反正要走，記得一定要帶點伴手禮

如果幾乎已經打定主意想走，其實是個很棒的時機，因為大家都聽過「不做最大」，**當你決定不做的時**

職場貴人 3 條件

1. 有能力：看出你具備的潛力和問題
2. 有實力：能夠引導或指引你下一個動作
3. 有權力：能夠影響你的升遷與加薪

候，**反而可以聽到或問出很多的真心話**。

如果你的表現真的不錯，表達出想走的時候，一定會有主管或上級出面慰留，此時就是最佳時機，不妨將你內心的想法，包含薪資委屈、未來發展、組織文化、公司福利，利用這個時候問清楚。

如果覺得自己有許多不足想離開，也不妨跟主管坦承相告：「反正我想離開，您是不是願意告訴我真正的一些缺點，以及可以改進的地方？」只要你的態度夠誠懇，通常會聽到許多主管的真心話，不過要有心理準備，可能會有點不舒服，但是也請相信，當時**即使會有點受傷，也是未來下一次的成長**。

主管別把部屬的離職當作是「大不韙」的事情，因為未來的離職會變成稀鬆平常的事，主管不妨先調整自己的心態。

在職場來說，永遠沒有最好的公司，只有最適合自己的公司。可以抱著祝福的心告訴這些年輕人：每個公司都有可以學習的地方，換公司並不困難，但是**別養成習慣，因為情緒或錯誤的判斷就急著而想離開，不斷浪費了時間，也消耗了自己**。

能聽得進去最好，聽不進去也保留個好關係，反正江湖總有再見的時候。

技巧篇2

39 離職更難，笑著離開

過年後就接到某企業高階主管急著找我的訊息，一問之下才知道，因為有同仁離職之後在網路上放話，抨擊企業的惡形惡狀以及違法面。企業一下慌了手腳，當初離職前雙方都商量地好好的，為什麼一離開就變了樣？

為什麼離職時無法好聚好散？

對老一輩的人來說，對公司的忠誠度是最重要的，沒有忠誠的員工，根本不需要花時間栽培。所以對於想要離職的員工，都會抱以疑惑、排斥和抗拒，甚至在團隊中貼上負面的標籤，營造出一個排擠氛圍。

在形成排擠氛圍之後，想離開的同仁含冤莫辯，這種被孤立的心情，即使本來想好好整理手邊的資料，完整交接給下一位的心情也蕩然無存。

許多人乾脆草草完成、匆匆離去，甚至在離開的當天就退出公司所有群組，即使在之後聯絡也音訊全無。

四方法讓離職成善循環

一、主管先建立「好聚好散」的心態

新時代主管應該設法摒除上述「離職叛將」的觀念，建立「好聚好散」的心態。無論員工因為什麼原因要離開，企業或主管都必須練習尊重他的決定，而且往長遠來看，**每一位離開的員工，都是企業口碑的播種者**，對於曾經任職過的企業，這些員工都有資格說出「好的觀點」或者「壞的想法」。

當同仁離職時，主管應避免的 6 句話

碰到這種情況，最好不要說：

1. 這些人真沒責任感，說離職就離職！
2. 離職沒關係，為什麼工作都不交接清楚？
3. 這些人要走就讓他走，幹嘛在乎他們！
4. 都要離職了，幹嘛還要發獎金給他們！
5. 對公司不忠誠的人，不用讓他們享受公司福利！
6. 先把他退出群組吧，以免知道公司的祕密！

與其讓這些員工帶著「壞的想法」離開，不如在他離開之前釋出高度善意，暖化員工的想法，大家做到好聚好散，自古以來君子絕交不出惡言，老祖宗的說法不是沒有道理。

二、注意心理學上的「峰終效應」

「峰終定律」（Peak End rule）由心理學家丹尼爾．康納曼（Daniel Kahneman）提出，定律的重點是人們經歷一個完整的體驗時，會記得過程中的高峰期，包括特別正面或負面的印象，與最後結束時的感受。

也就是說，「有偏見的記憶」取決於所有過程中最好、最不好和最後的五%，也因此千萬不要讓離職同仁帶著不舒服的感覺或不滿離開。

三、避免外界對公司的負評或偏見

在過去的時代，倘若同仁帶著不舒服的感覺或不滿離開，只能默默的忍受或吞咽到肚子裡，然後在下一個公司發酵。

但如今「每個人都是自媒體」，許多年輕世代的人很容易將對於公司的錯怪和負評，一股腦兒地全部 PO 在網路上，這些評價或想法都可能以十倍百倍，甚至千倍的速度在人世間流傳。

所謂清官難斷家務事，這些讓公司被貼上負面標籤的做法，甚至被形容成惡劣的血汗工廠，絕對不是原來公司所樂見的。

四、表達高度善意，讓同仁笑著離去

許多企業注意到類似的現象，開始調整做法，針對離職同仁釋出高度善意。有的企業會多發放數個月薪資，有的企業提前發放同仁原本還不能領取的獎金，有的企業給予好幾個月的謀職假，有的企業讓離職同仁也繼續享有福利，甚至在同仁離職之後再邀請回來參加尾牙，這些都是對離職同仁釋放「高度善意」的常見做法。

企業千萬記得，只是給予同仁離職時應得的，只能讓他不生氣，分手不出惡言；但如果給予同仁遠超過他預期的，才能讓他帶著笑容離去，公司會贏得更多離職之後的芬芳名聲，對於企業形象既有提升，也避免兩敗俱傷。

技巧篇3

40 避免離職同仁說壞話，先做三件事

年關將近的許多課程裡，主管都不約而同談到離職的困擾。

有的談到同仁對公司的誤會不知如何化解，有的談到同仁離職前的氣氛詭異，有的則是談到同仁離職後放出對公司不利的話語。以下節錄我回覆給同學們的精華，和大家分享「離職」新觀點，主管必須知道的離職三要和三不。

員工離職，千萬別做三件事

一、不要把離職同仁當成洪水猛獸

在過去的觀念中，從公司離職被視為是一種禁忌。許多同仁從決定離職的那一

刻起，在公司就開始遭受不公平的待遇。有的人被視為「不忠誠」的表現，有的人開始被其他同事孤立，有人在年前提出辭呈就拿不到年終獎金……會被貼上這些不公平的標籤，是源於過去公司的絕對優勢，並且不在乎找不到人。現在千萬別這樣想，公司真的已經慢慢找不到人，以往的優勢逐漸事過境遷了。

二、不要讓離職同仁帶著怨念離開

早期企業常會和離職同仁撕破臉，我不只一次建議離職一定要「好聚好散」。即使過去認為不歡而散是正常的，但是請記得現在資訊流通，讓每位離職的同仁都變成「自媒體」，離開公司之後，只要本身存在怨念，將會在他接下來的人生當中，不斷地以「顯性」（PO文）或「隱性」（聊天）的方式提到對公司的種種不滿，尤其當內容成為網路上搜尋的文字，對公司不見得是件好事情。

三、不要認為同仁離職就老死不相往來

過去許多企業的想法，認為離開的同仁就是「潑出去的水」，永遠不會再收回，所以即使在離職時狀況不開心，甚至互相撂下狠話，大家也覺得無所謂，反正

不會再碰面。然而地球是圓的，很多過去不會發生的事，現在未必不會。

已經有很多企業出現「僧少粥多」的情況，因為找不到合適的人，被迫找回原有的同仁，因為他們不但熟悉工作又節省教育時間，對企業是個不得不的選擇；也有離職的同仁，在外面混得不好，但由於當初關係鬧僵，不是不想回到原來的企業，卻也拉不下這個臉，如此一來對雙方也是一種損失。

員工離職，一定要做三件事

一、要用健康心態來看待離職同仁

如今年代，主管應該更新大腦，提升對「離職」的定義和看法。過去離職，就像是和公司「分手」，但是別忘了，傳統老一輩當年的分手可能會哭得死去活來，但是目前年輕人的分手，卻能無縫接軌。社會對於年輕人的觀念和評價早已不同，老一輩主管應該**優化觀念**，**把離職視為「合則來，不合則去」的正常流動**。

二、要把對方當作「有機會講公司好話的人」

資訊的快速流通，許多外人愈來愈相信「當事人說法」，不論公司做多少廣告，都不如離職同仁「說上一句對公司有利的話」。這一點相當重要，為什麼離職後還願意講好話？最大的憑據當然是同仁「對公司的感恩」或「至少沒有怨念」。

看到這裡，主管也很清楚，想要讓離職的同仁感恩，是公司長期該做的事情；但是讓離職同仁至少沒有怨念，是在離職的當下必須做的事情。

三、要讓同仁在離職後，還能夠和公司保持良好的關係

除了讓同仁在離職當下，降低對公司存在的怨念，主管不妨可以思考，**離職之後，也是維繫關係的開始**。

許多公司在員工離職後，就當作這個人從來不存在，這個想法或許沒有錯，但現在可以換個角度，不妨在同仁離開後的一段時間內，仍然可以維繫和他的交情，像是在公司的重要活動場合（如慶祝前一季業績或公司尾牙），也可以營造讓離職同仁回來互動的機會，畢竟在江湖上，「青山不改，綠水長流」的觀念仍然存在。

實戰篇｜案例1

41 當年輕人離職時說：「這個工作跟我想的不一樣？」

許多企業一直以為新進同仁進入公司後，就會準備好自己，調整至最佳工作狀態，「給予訓練後，新人就能順利進入工作」，這樣過時的觀念請千萬拿掉。

過去老一輩的同仁報到，就會認份地接受公司的一切安排，學習公司交付的任務和所有課程。而公司的主管和人事單位，也會密切地觀察報到和訓練過程：

1. 同仁的表現是否符合公司預期？
2. 能否達到標準，盡快分發上線？

為了讓新人達到上述標準，還會加上考試與檢測機制，不斷地實作和測試，確認同仁符合公司的需求。你可別以為上述的傳統做法目前還適用，過去這樣做的前提是，「新進同仁已經認定公司，決定全力以赴」；但現在的狀況早已不是如此，因為當公司在觀察新進同仁時，新人也正在觀察公司。

新世代員工常思考的八件事

現在新世代的同仁報到，打從第一天開始，這群年輕人就在認真「觀察檢視」公司安排的一切，隨時都在內心打分數。

為什麼年輕人離職時常常說：「我覺得這個工作跟我想的不一樣？」想像一個畫面，當這些年輕人進來訓練的時候，公司仍傳統地安排過去十年來沒有變化的訓練課程，並且期待新人趕快學以致用；底下的這群年輕人，卻是帶著旁觀者的心情以及疑惑的想法，每天都陷入天人交戰，究竟要不要留下來？

當這些疑惑都還沒有被解決的時候，年輕人每天聽到的只是：「你們要趕快努力」、「今天學得懂不懂」、「趕快學會這些，才能有好表現」……卻沒有人問他們要什麼，還不斷地灌輸他們「公司覺得你應該盡快變成這樣」的內容。看到這邊的主管，應該就會很清楚接下來會發生什麼事了。

自我檢視　新世代員工報到後，最常檢視 8 件事

對公司安排的想法

- □ 公司的制度會不會太嚴格？
- □ 上班的規定有沒有符合勞基法？
- □ 訓練課程安排的內容會不會太無聊？
- □ 老闆宣布的公司文化是不是我喜歡的？
- □ 為什麼主管看起來都有點機車？
- □ 這樣的公司真的是我想要的嗎？
- □ 上班的交通和附近的環境會不會太遠？
- □ 聽說下了班不能立刻走，能不能報加班費？

◎上述 8 件事，如果超過一半，對於新人留任率就危險了！

從報到就能收心的兩大解方

一、主管要有「先滿足同仁，再滿足公司」的觀念

從上述的種種分析，主管已經發現新世代進入公司，追求的是「自我實現和自我滿足」，所以公司融入新人手法務必改變。

過去老一輩的習慣是：「別問公司能給我什麼，要問我能為公司做什麼？」現在新一代的想法是：「別問我能為公司做什麼？先問公司能給我什麼？」所以，從公司高層開始，務必調整觀念，在新人對公司建立信任感之前，先協助解決新人的疑惑，讓他們認同公司，得到他們的心之後，才能交付他們任務。

二、把新進同仁視為公司的最重要客戶

設想一下，公司最重要的客戶，我們都會無微不至地呵護這群大爺們，能不能也把新進同仁視為最重要的客戶呢？面對重要客戶，通常都會有下列三個動作：

1. 設法投其所好，吸引客戶願意和公司往來

面對公司最期待的大客戶，從接觸的那一刻開始，就會營造客戶對我們的

好感，甚至研究其公司高層的喜好，製造各種拜訪機會，企圖接觸時拉近距離。同樣的道理，從公司接觸新同仁的那一刻開始，能不能「先營造好感」，甚至了解同仁的喜好，「**先拉近距離，再交付工作**」。

2. 隨時滿足，擔心客戶移情別戀

公司對於大客戶，為了維持客戶的忠誠度，必須要常常噓寒問暖，關懷客戶，目的是擔心客戶變心。同樣地，公司同仁的忠誠度也正在下降，更正確的說，同仁不是沒有忠誠度，只是更忠於自己，公司對於新進同仁，也必須該噓寒問暖與關懷，才能贏得同仁的心。

3. 對於大客戶抱怨，第一時間解決

企業面對大客戶的抱怨，通常都會在第一時間處理，避免因為客戶的不愉快而移情別戀，造成公司的損失。同理而言，企業對於同仁的抱怨，千萬不能再有「以前的人都沒有這麼多意見，為什麼你們現在意見這麼多？」的傳統觀念。

別忘了，以前的人抱怨完會繼續工作，現在的人抱怨過後沒有改善，就會義無反顧地離開。

以前公司花在找大客戶的成本很高，現在找尋新員工的成本更高。

所以根據上面心法類推，想穩定新進同仁的心情，主管可運用以下三手法：

1. 設法投其所好，吸引新人願意投入公司。
2. 隨時滿足，避免同仁移情別戀。
3. 對於新人的抱怨，第一時間解決。

請相信，面對新世代，沒有最好的解法，只有不斷修正的解法。

42

實戰篇—案例2

當年輕人離職時說：「我覺得這個工作不適合我。」

到一家知名外商演講，談到大家最頭疼的離職話題，下課時竟被主管團團圍住發問：「河泉老師，許多同仁離職的時候很愛說，我覺得這個工作不適合我，要怎麼告訴他們，這個工作是適合他的？」

「本來就很難說這個工作一定適合他，但是可以找出這個工作裡，有他自己想要學習的能力！」提供答案後，我又補充一句：「請大家記得，是他自己想要學習的能力，不是我們想要他學習的能力！」

面對一頭霧水的主管們，我笑了笑，對他們說：「大家先休息一下，待會上課我一併說明。」

換位思考，創造雙贏

面對剛報到的新人，該如何讓他覺得這份工作「是適合他的」？有兩種非常重要的做法：

一、千萬別用傳統方式追問，只會造成雙方隔閡

當年輕人說：「我覺得這個工作不適合我。」

許多主管就會追問：「那你喜歡什麼工作？」

這可能不是最好的做法。為什麼？因為只要主管這樣追問，就會發現九十九%的答案都是：「我也不知道，但是我就不喜歡這個！」

一聽到這樣的回答，絕大多數主管或長官就會不高興，認為年輕人根本搞不清楚他們要的，然後帶著情緒開始質問：

「如果你們不知道幹嘛進來！」

「哪有工作是一開始就知道的，先做再說！」

「你先不要管那麼多，先去試試看再說！」

「很多事情都是做了才會有興趣，我當年也是這樣。」

你覺得主管講完，年輕人聽得進去嗎？以上的過程都叫做「無效溝通」，淪為在上位者的「一廂情願」，絲毫沒有換位思考現在觀念已經完全不一樣的年輕人。

通常主管這樣說完後，只會加深年輕人想離開的念頭。因為這群新世代早已經養成「不需要為了這份工作勉強自己，不喜歡，再換就好，反正爸媽又沒有給我壓力」的意識型態。

年輕人為什麼會認為「我覺得這個工作不適合我」？原因有兩個可能：

1. 年輕人不是不喜歡他應徵的這份工作，只是從報到後，看到公司的文化、長官、同事等，這些氛圍讓他不喜歡，也就是我們常說的「ＦＵ（感覺）不好」。
2. 當初應徵只覺得這個工作好像還ＯＫ，但是進來聽完內容後，發現根本不是那一回事，所以他只知道不喜歡這份工作，但還是說不出自己究竟喜歡什麼工作。

二、用「能力具備法」協助年輕人找出適合工作

我在過往文章中多次提到，同仁剛報到的第一週，也就是「黃金七十二小時」是最重要的時刻，尤其是「報到初期，就要納入同仁回饋」的觀念非常重要。

公司如果願意協助新進同仁做「個人發展計劃」（Individual Development Plan, IDP），更可以延長他在公司的工作壽命，所以主管可以運用「能力具備法」來找出符合同仁意願的工作，建立同仁對工作內容的投入感。

主管與其問他，「你覺得什麼工作適合？」

更好的方法是問他，「三年後你最想要具備哪些能力？為什麼？」

情境模擬如下：

問：「三年後你最想要具備哪些能力？」

答：「不太清楚耶，可能是一些業務行銷能力，或是人際溝通能力吧？」

（此時主管先不要生氣，有耐心的引導他回答）

問：「為什麼？」

答：「因為我不想在這邊做太久，希望將來開一家咖啡店。」

（主管不要因為這樣就不栽培他，沒這樣說的人，也不見得待很久）

問：「很棒啊，你跟我年輕的時候有一樣的夢想。」

答：「對啊，我爸媽也支持。」

（別急著否定同仁，重點是引導他先願意接受，嘗試現在的工作）

問：「好啊，我開心你願意跟我說，我幫你分析一下，你目前應徵的這個A職位，剛進去的時候很多人覺得複雜，因為有許多單位和客戶要認識，但是非常符合你，可以快速地學到人際溝通的能力……」

答：「如果是這樣，我願意試試。」

（每次的過程未必都這麼順利，不妨先練習，至少是個開始）

記得，主管先協助年輕世代「實現自我」，才能引領他們「覺得這個工作適合我」。主管不妨思考，同仁剛進入公司，如果沒有認同原本應徵的工作，強逼著他學習，離開也只是遲早的事情。

此外，也先不要急著要求同仁立刻接受公司的全部，不妨從同仁的「實現自我」聊起，協助同仁學到他自己希望學到的能力。畢竟工作的種類多變，從中汲取的能力至少能夠更符合同仁本身的需求，重點還是在於：

只有先滿足年輕人想做的，
他才會滿足公司希望他做的。

43

實戰篇－案例3

當年輕人離職時說：「我不知道自己要什麼？」

在某家知名銀行上課，午餐時熟識的副總來打招呼，敘舊過程中突然聊到：

「河泉老師，最近有個狀況變多，同仁要離職的理由是，不知道自己要什麼？」

副總隨即有點生氣地說：「現在的年輕人怎麼會不知道自己要什麼？這樣的離職理由真的很誇張！」

我笑著安慰副總：「副總先不要生氣，因為這個理由很可能是真的！」

副總不可置信的說：「真的嗎？為什麼？」

以前的人離職時說「不知道要什麼」，很可能是一個藉口或是不傷感情的說法，但是現在的年輕人這樣說，有愈來愈多的跡象顯示，這句話很可能是真的。

原因有以下兩點：

一、從小習慣衣食無虞，長大很容易欠缺方向和企圖心

早年家庭生活困苦，為了改變現狀，許多人在小時候就擁有「將來的志向」，希望達成後能夠讓家裡的經濟狀況有所改變。但如今許多父母自身經濟條件不錯，也不希望讓小孩吃苦，優先滿足他們的各種物質期待，在這樣的前提下，年輕人很容易欠缺企圖心，也覺得生活這樣就可以，不需要有太多拚命的勇氣。

二、可選擇的工作太多，看來看去，無法做出決定

老一輩挑選工作，心目中覺得好工作有限，挑來挑去只有那一兩種產業或公司，很容易就能做出決定，並且努力地長久待著。

現在的世界早已經改變，能選擇的工作類別可以說是史上最多。除了一般的傳統職場外，還多了許多「非典型工作」，也因為選擇太多，年輕世代覺得每項都很新鮮，一時不知道如何下決定，絕對是合理的事情。

主管們請先扮演「心理學家」

許多主管聽到年輕同仁說，「我想離職，因為不知道自己要什麼」，就會認為這個理由根本就是鬼扯。為了「讓同仁放棄離職念頭」，很容易就直接回應：「怎麼可能不知道自己要什麼？你自己趕快回去想想，想清楚再告訴我！」這樣的說法，不管等多久，同仁還是會回來告訴你，「我已經想清楚了，的確想離職！」因為同仁不是沒有想，而是不知道「該怎麼想才是真正的清楚」，當然會維持原本的想法。

此時主管該扮演的就不是管理者，而是能夠和同仁談心的「心理學家」。若是碰到「不知道自己要什麼」的同仁提出離職時，也許可以用下列的三種做法應對：

一、無論同仁怎麼想，第一時間認同他的看法

同仁：「我想離職，因為不知道自己要什麼？」

主管：「來，坐下來聊，年輕人會這樣想是難免的，我以前也會這樣……」

或者可以說：「我以前比你更糟糕，一開始以為知道自己要什麼，後來才發現

不是這麼一回事！」

二、把話題帶開，別執著於要不要離職，可以聊聊對工作目前的感受

扮演心理學家，最好的方式就是以「旁觀者」的角度，協助當事人客觀分析，而不是主觀的批評好壞。

主管：「最近工作的狀況如何？能不能讓我知道，哪些地方對你造成困擾？哪些地方是你覺得比較有成就感的？」

不論年輕人如何回答，都不要急著給答案，引導正面思考，往工作有成就感的地方深入擴大，讓同仁覺得「好像沒那麼糟糕」！

三、別執著在工作上，不妨聊聊年輕人工作外的興趣或偶像

假如同仁真的說不出在工作上有哪些成就感，主管不妨拉出另一個話題。

主管：「其實你在工作的表現不錯，跟我聊天不用太拘束，我們來聊聊如果當初你沒有做這個工作，有沒有什麼其他想做的事情？」

或者可以說：「在上班之外，平常對哪些事情感興趣？有沒有希望成為什麼樣的人？或者像誰一樣，可以做自己喜歡做的事情？」

以上聊天的目的，都在於幫助年輕人「找回對某件事的熱情」，或者「將來希望成為的人」，只要能說出比較具體的內容，主管就可以找出槓桿，建立「工作外的共識」，再設法拉回工作內。

許多主管有強大的專長，但是通常最欠缺的就是「溝通的耐性」。

傳統的主管總認為效率重於一切，所以不用跟同仁說太多，只要直接給結論就好。可惜現在的年輕世代，最抗拒的就是「**別人直接給我不想要的結論**」，許多主管應該慢慢地會發現，這反而成為年輕人想離開的理由之一。

主管終有一天會了解：

在磨練年輕同仁的過程中，
最終也是在訓練自己。

後記

放下身段，就是放過自己

我在企業授課多年，看過上萬名主管的學習過程，最大的心得是不論您上了多少管理課程，或者是經歷多少工作挑戰，最後都會發現：

你管理的不是別人，而是自己。

許多主管被公司指派來上「跨世代管理」課程是不開心的，認為這耽誤了他們的時間和工作，卻又不得不來。在課堂上，他們急著將責任推給年輕世代，希望學習到能夠「立刻搞定」同仁的方法，卻很少思考為什麼自己欠缺搞定年輕人的能力？又或者，年輕人為什麼不願意被你搞定？

管理新世代要擺脫慣性思維

甚至當我提出一些應用方法或技巧時，某些主管會主觀認定這些方法沒有用，或者這些技巧不好用！觀察後，我發現不是方法或技巧沒有用，而是這些主管不喜歡用，因為這些方法和他們過往的個性、習慣牴觸，使用上感覺不那麼舒服，於是他們很自然地認為這些沒有用。

舉個例子，過去主管擁有極大的權威，命令一出，底下不得有半點意見或一句廢話；如今面對年輕人，上面講一句，下面就會講三句，主管再用過去的權威硬壓，有的聽、有的不聽，還有的對外PO文說主管霸凌。

對此解決的最好方法，就是主管學會「好好講話」。問題來了，許多主管一輩子沒有學過什麼叫做「好好講話」；即使公司安排了老師，來教導以平等和尊重與同仁溝通的方法，大多數主管仍然先入為主地「不以為然」。其實，這些反應都是「慣性使然」。

新世代主管，學會鬥智不鬥氣

年輕世代變成這樣，跟成長背景有絕大的關係。也就是說，如果自己家裡的小孩已經很有想法、敢於挑戰，主管們就不可能期待白天公司裡的年輕人乖乖聽話、全力配合！

如果這個現象已經「回不去了」，而且過去以權力壓迫的管理方式也不管用了，為什麼不回到一個互相尊重、上下交融的世界？堅持主管的權力沒有不對，但要用權力來管理新世代，只會發生更多的衝撞和對立。聰明的你，為什麼不學習一些新的管理方法和技巧，鬥智不鬥氣呢？

最後送給大家：

主管的「放下身段」，不是因為同仁，而是「放過自己」，如此一來才能將好心情投入到你更想做的事情。

國家圖書館出版品預行編目 (CIP) 資料

帶心不帶累的跨世代主管學 : 打造高績效、能當責的超級團隊 , 讓新人心服口服、老鳥對你推心置腹 / 李河泉著 . -- 第一版 . -- 臺北市 : 天下雜誌股份有限公司 , 2025.04

面 ;　公分 . -- (天下財經 ; 575)

ISBN 978-626-7468-93-7(平裝)

1.CST: 中階管理者 2.CST: 組織管理

494.2　　114003131

天下財經 575

帶心不帶累的跨世代主管學

打造高績效、能當責的超級團隊，
讓新人心服口服、老鳥對你推心置腹

作　　者／李河泉
封面設計／ FE 設計 葉馥儀
內頁排版／陳家紘
責任編輯／方沛晶

天下雜誌創辦人暨董事長／殷允芃
出版部總編輯／吳韻儀
出 版 者／天下雜誌股份有限公司
地　　址／台北市 104 南京東路二段 139 號 11 樓
讀者服務／（02）2662-0332　傳真／（02）2662-6048
天下雜誌 GROUP 網址／ http://www.cw.com.tw
劃撥帳號／ 01895001 天下雜誌股份有限公司
製版印刷／中原造像股份有限公司
總 經 銷／大和圖書有限公司　電話／（02）8990-2588
出版日期／ 2025 年 4 月 2 日第一版第一次印行
　　　　　2025 年 10 月 23 日第一版第五次印行
定　　價／ 450 元

All rights reserved.

書號：BCCF0575P
ISBN：978-626-7468-93-7（平裝）

直營門市書香花園 地址／台北市建國北路二段 6 巷 11 號 電話／（02）2506-1635
天下網路書店 shop.cwbook.com.tw 電話／（02）2662-0332 傳真／（02）2662-6048

本書如有缺頁、破損、裝訂錯誤，請寄回本公司調換

天下雜誌出版
CommonWealth
Mag. Publishing